水稻抗旱机理研究及遗传育种

◎ 李俊周 著

U0305138

中国农业科学技术出版社

图书在版编目（CIP）数据

水稻抗旱机理研究及遗传育种／李俊周著. —北京：中国农业科学技术
出版社，2020.6

ISBN 978-7-5116-4748-1

Ⅰ.①水… Ⅱ.①李… Ⅲ.①水稻栽培-抗旱性-研究②水稻栽培-抗旱
品种-遗传育种-研究 Ⅳ.①S511

中国版本图书馆 CIP 数据核字（2020）第 082215 号

责任编辑 白姗姗
责任校对 李向荣

出 版 者 中国农业科学技术出版社
　　　　　北京市中关村南大街 12 号 邮编：100081
电 话 （010）82106638（编辑室） （010）82109702（发行部）
　　　　　（010）82109709（读者服务部）
传 真 （010）82106650
网 址 http://www.CASTP.cn
经 销 者 各地新华书店
印 刷 者 北京建宏印刷有限公司
开 本 710mm×1 000mm 1/16
印 张 10.75
字 数 165 千字
版 次 2020 年 6 月第 1 版 2020 年 6 月第 1 次印刷
定 价 68.00 元

前　言

　　由于降水分布不均、全球气候变暖和自然环境恶化等因素，全球干旱危害加剧。我国是水资源极为短缺的国家，干旱普遍发生，水资源短缺已经成为制约我国农业发展的重要因素。水稻是我国重要的口粮作物，稻谷产量对我国粮食安全至关重要。但是，水稻是需水量很大的作物，水稻用水占我国农业用水的65%以上，水资源短缺严重制约水稻的生产。植物抗旱性包括耐旱性、避旱性、逃旱性和复水抗旱性，涉及地上、地下形态和生理生化性状，抗旱机理异常复杂。研究水稻对干旱缺水的反应，发掘鉴定优异抗旱基因，阐明水稻的抗旱机理，培育节水抗旱稻品种一直是农业科学家的重要研究方向。近年来，国内外科学家对栽培稻的抗旱机理进行了大量的研究。我国农业农村部于2018年启动节水抗旱稻的国家区试试验，表明国家对水稻抗旱节水遗传育种的重视。

　　本书根据著者十多年的研究结果，并参考国内外相关最新研究进展编撰而成。全书分五章，第一章以旱稻和水稻比较研究为例，详细介绍了旱稻在种子萌发和叶片光合作用方面的抗旱机理研究结果，以及旱稻优异基因 *OsbHLH120* 的研究进展。第二章系统总结了水稻抗旱的生理与分子机理。第三章和第四章介绍了水稻抗旱分子标记辅助育种和基因工程育种的原理、技术和进展。第五章介绍了节水抗旱稻新品种选育的技术途径和品种情况。

　　本书系统地总结水旱稻的抗旱机理、节水抗旱稻分子育种技术及新品种选育的现状和途径，内容力求系统性、新颖性和参考性，可供从事农作物遗传育种及抗逆机理工作的研究人员和研究生参考。由于著者水平有限，疏漏及不足之处在所难免，敬请读者批评指正。

著　者

2020 年 5 月

目　　录

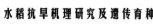

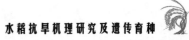

第一章　旱稻抗旱机理研究

　　旱稻主要分布在亚洲、美洲和非洲，全球旱稻栽培面积约占栽培稻总面积的 11%。我国旱稻栽培历史悠久，旱稻资源丰富。旱稻是亚洲栽培稻的旱作生态类型，与水稻相比，旱稻具有耐旱、耐瘠、适应性广等特点，是发展生物节水农业的首选作物之一，也是水稻抗旱改良育种中巨大的宝贵种质资源。旱稻和水稻在生物学上没有显著区别，只有在缺水状况下才表现出形态、生理上的差异。旱稻种子发芽时需氧多、吸水力较强，而需水量较少。旱稻的根系发达，根较粗，分布较深。旱稻的叶面积大，叶的中筋较厚，维管束和导管的面积较大，表皮较厚，气孔数较少，厚壁细胞较小，这些特性都决定了旱稻的耐逆抗旱性。目前水资源短缺已成为我国乃至全世界面临的严重问题，利用生物技术发掘优良抗旱基因，解析旱稻抗旱生理与分子机理，培育抗旱节水作物是农业科学家的当务之急。

第一节　干旱环境水旱稻种子萌发的
形态与生理差异

　　种子是一种非常重要的农业生产资料。种子的萌发特性及出苗能力，不但决定了苗匀、苗壮等苗期性状，而且在很大程度上影响了后期的作物粮食产量。随着农业生产对水稻种植简化的要求越来越强烈，直播种面积将逐年增加。种子萌发是植物生命活动的开始，是确保出苗的关键第一步，尤其对水稻旱直播更是如此。因此，在水分干旱胁迫情况下，稻种的抗旱萌发机制和如何保障稻种的出苗质量受到广大研究者的密切关注。

水稻和旱稻是在人工选择和自然选择的过程中，根据水分供应状况分化出来的两大类型。两种类型的关键差别就在抗旱性方面，水稻整个生育期大部分时间需要在有水的条件下生长，旱稻是天然抗旱类型，在生长的全生育期可不灌水或者只在严重干旱的情况下辅以适量灌溉，其单位面积灌水量不到水稻的 1/4。种子萌发是一个复杂的生理过程，当种子从休眠状态进入吸胀萌动阶段时，首先将胚中可溶性糖、氨基酸以及少量的贮藏蛋白用于生长，而后在相关代谢酶催化下将贮藏物质分解成可溶性的小分子物质并输送到胚的生长部位。种子萌发涉及可溶性糖含量、氨基酸和淀粉含量等的变化，也需要 ABA、CTK、GA 等激素平衡的调节，来决定种子的萌发。种子萌发是植物生长过程中的重要阶段，也是对外界环境变化表现最敏感的阶段，各种不良环境因素，如水、肥、气、热、重金属离子等都会对种子萌发产生不同程度的影响。干旱胁迫环境，水稻种子的萌发过程中吸水会受到抑制，这样导致种子中与碳氮代谢相关酶的活性及其代谢产物受到影响，种子的萌发受到抑制。以水稻越富、旱稻 IRAT109 和导入系 IL392（越富为背景导入旱稻 IRAT109 片段的高世代回交系）为材料，通过 15% PEG 模拟干旱胁迫，研究水、旱稻在干旱胁迫条件下种子萌发的形态、生理差异，探讨干旱胁迫条件旱稻种子强萌发能力的内在生理基础，以期为阐明栽培稻种子抗旱萌发出苗提供理论基础，为旱直播稻的推广与应用提供实践依据。

一、PEG 处理对种子发芽势及发芽指数的影响

种子处理 1 天后就开始萌动，第 2 天就开始发芽，正常水分环境，

水稻越富、旱稻 IRAT109 和导入系 IL392 这 3 个材料的萌发没有明显差异。但是 PEG 胁迫处理后，萌发明显变慢，且旱稻 IRAT109 的发芽势仍然优于水稻越富。正常萌发环境，3 个材料的发芽指数没有显著差异，说明其种子在正常水分下发芽能力及活力相近；而从发芽势来看，旱稻 IRAT109 则具有更强的发芽势，且极显著高于水稻越富，但是与导入系 IL392 没有显著差异；IRAT109 在第 2 天即全部发芽，IL392 在第 2 天发芽达 94.43%，而越富在第 2 天发芽 82.00%，到第 5 天才基本全部发芽。PEG 模拟干旱胁迫处理后，虽然 3 个材料的发芽指数均显著下降，胁迫后 IRAT109 的发芽指数仍显著高于水稻越富、导入系 IL392，说明干旱胁迫导致发芽活力降低，但旱稻仍具有相对较高的发芽能力和活力。干旱胁迫导致发芽势的下降，水稻越富、旱稻 IRAT109 和导入系 IL392 下降幅度分别为 48.86%、27.56% 和 35.76%；PEG 胁迫后 IRAT109 的发芽势为 72.48%，仍极显著高于水稻越富和导入系 IL392，表明 PEG 胁迫会抑制种子的发芽，但旱稻干旱胁迫后依然具有较快、较强的发芽能力。

二、PEG 处理对根长和芽长的影响

正常水分环境，随萌发时间的延长旱稻 IRAT109 的芽长及根长高于水稻越富和导入系 IL392，说明旱稻本身在正常条件下萌发后就具有较强的生长能力。而 PEG 胁迫后 3 个材料的芽长均极显著下降且生长缓慢，其中 IRAT109 下降幅度最大，胁迫后水旱稻之间的芽长生长没有显著差异。干旱胁迫也抑制了根系的生长，对越富和 IRAT109 根长生长的抑制达到显著水平，根长的下降幅度小于芽长的下降幅度。水稻越富根系在处理后生长缓慢，但是旱稻 IRAT109 及导入系 IL392 在处理后根系依然有持续生长的能力，说明旱稻根系的生长在干旱胁迫环境要优于水稻，通过抑制芽的生长，维持较强的根系生长，从而适应干旱环境。

三、PEG 处理对激素含量的影响

正常水分环境，处理 0 天（即浸种 1 天）时的 GA 及 ABA 含量均较高，萌发 1 天后，两者都显著降低；3 个材料中 GA 含量在 PEG 胁迫后有较大幅度的下降，且越富的下降幅度最大，达 51.27%，IRAT109 的下降幅度最小，仅 17.23%，胁迫后较高的 GA 含量有利于旱稻种子的萌发；越富和 IL392 的 ABA 含量在干旱胁迫后 1 天都高于同时期的对照，且越富的 ABA 含量高于 IL392，IRAT109 则与前两者相反且含量低于前两者。由于 GA 和 ABA 在种子萌发过程中处于颉颃关系，胁迫处理后，IRAT109、IL392 仍具有相对较高的 GA/ABA，萌发潜力高于越富。就 IAA 含量而言，3 个材料变化趋势不尽相同，正常水分环境越富和 IL392 的含量升高。而 PEG 胁迫处理后，越富、IRAT109 的含量都低于同时期的对照，IL392 则与之相反；但与 0 天相比，越富种子受到胁迫后，IAA 含量表现升高，其上升的幅度小于同时期的对照，旱稻 IRAT109 种子受到水分胁迫后，IAA 含量虽呈现了下降的趋势，但仍比水稻越富稍高。PEG 胁迫处理 1 天后，3 个材料的 ZR 含量都呈显著下降，导入系 IL392 下降幅度最大，越富次之；而且正常水分情况下，旱稻 IRAT109 萌发种子中 ZR 含量有所升高，虽然在 PEG 处理后其含量降低且低于同时期对照，但依然显著高于水稻越富和导入系 IL392。总之，干旱胁迫处理后，旱稻 IRAT109 的种子中具有较高的 GA/ABA，有利于种子的萌发。

四、PEG 处理对可溶性糖含量的影响

正常萌发情况下种子内的可溶性总糖含量总体处于上升状态，IRAT109 和 IL392 分别在第 3 天和第 2 天出现下降，可能是因为旱稻及导入系在第 2~3 天的根、芽生长较快消耗了较多能量；PEG 胁迫处理后可溶性糖处于上升状态，且总体上低于同时期正常萌发情况下种子内的可

溶性总糖含量，但是越富和 IRAT109 在第 3 天出现下降后又显著增加，并且 IRAT109 和 IL392 在第 5 天高出对照 41.32%、24.41%（图 1-1）。PEG 胁迫后 3 个材料的根、芽生长都受到不同程度的抑制。

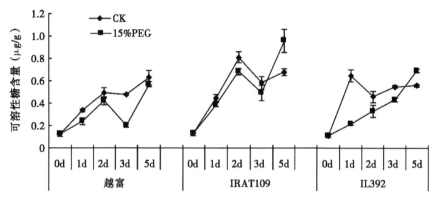

图 1-1　PEG 处理后萌发种子中可溶性糖的变化

五、PEG 处理对 SOD 和 POD 活性的影响

植物体在受到不良的外界环境胁迫时会启动自身的抗氧化还原系统，其中 POD 和 SOD 是抗氧化系统中的关键酶。POD 的作用是负责清除 H_2O_2，从而防止氧化伤害或毒性更强的自由基·OH 的形成。SOD 的作用是催化过氧阴离子（O^{2-}·）发生歧化反应生成 H_2O_2，清除自由基。正常萌发环境，水稻越富及导入系 IL392 种子内的 SOD 活性变化趋势基本一致（图 1-2），萌发前期的 SOD 活性较高，在萌发 1、2 天达到最高，在第 3 天开始显著降低，而 IRAT109 在浸种 1 天后萌发 0 天的 SOD 活性最高，然后一直呈下降趋势，第 3 天也出现明显的下降趋势。PEG 处理后，SOD 活性变化在品种间没有明显差异，IRAT109 和 IL392 更早的出现了上升趋势，在胁迫处理后 5 天 SOD 活性都基本达到了初始的酶活水平，其中 IRAT109 最高。由图 1-2 可知，POD 活性变化与 SOD 趋

势相反，前期处于较低水平，随着种子萌发进程其活性不断升高，正常水分萌发情况下，POD 活性一直处于上升状态，IRAT109 和 IL392 在第3、5 天显著高于越富，而 PEG 胁迫后 3 种材料的 POD 活性都在第 2 天达到最高，之后开始平缓的下降，且 IRAT109 的 POD 活性高于同时期越富及 IL392。可能由于前期的 SOD 产生的 H_2O_2 有利于种子的萌发，后期过高的 H_2O_2 会产生毒害作用，逐渐升高的 POD 活性会清除 H_2O_2，以减少对萌发种子的毒害作用。

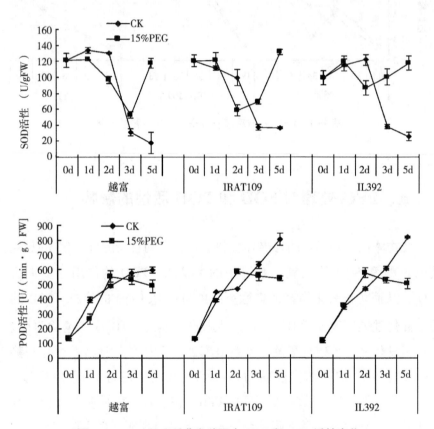

图 1-2　PEG 处理后萌发种子中 SOD 和 POD 活性变化

六、PEG 处理对 MDA 含量的影响

正常水分萌发情况下，MDA 含量总体处于上升趋势，由于后期 SOD 活性显著下降，萌发 2 天后的种子中 MDA 含量开始显著上升（图 1-3）。PEG 胁迫后 MDA 含量都在第 1 天最低，之后开始上升；由于受到 PEG 胁迫，在种子萌发的过程中 SOD、POD 并不能完全保持细胞内自由基平衡，而且随着种子的萌发，种子本身就处于消耗降解的过程，所以在 SOD 和 POD 活性较高的情况下 MDA 含量仍较高。

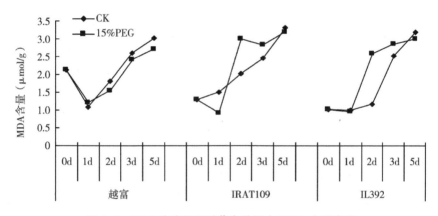

图 1-3　PEG 胁迫处理后萌发种子中 MDA 含量变化

七、小结与讨论

种子萌发和幼苗生长状况是由其内在遗传因素和外界环境条件共同决定的。水分是各种环境条件中的主要限制因素。山仑等对旱地农业的研究表明，干旱造成的种子成苗难及缺苗断垄现象，是影响农业生产的主要因素之一。水稻和旱稻是研究干旱胁迫种子萌发机制很好的材料。PEG 胁迫后 IRAT109 的发芽势极显著高于水稻越富和导入系 IL392，旱

稻 IRAT109 在干旱胁迫后依然具有较快、较强的发芽能力，并且旱稻根系的生长在干旱胁迫环境要优于水稻，在一定程度上通过抑制芽的生长，维持较强的根系生长，从而适应干旱环境。李自超等（2001）发现旱稻幼芽、幼根以及苗要比水稻表现出较强的生长势。凌祖铭等（2002）发现旱稻的根长比水稻长，根基粗也比水稻粗。蒋明义等（1992）研究表明，与水稻相比，旱稻的发根速度较快，在渗透胁迫环境下能维持较高的相对含水量和较高的保护酶 SOD 的活性，这些研究都证明了旱稻在干旱条件下萌发能力强，根系生长较快。相关研究者也认为抗旱性强的品种在萌发早期具有萌发优势，抗旱萌发指数比发芽率更适合作为芽期抗旱性筛选指标。

水分是植物种子萌发的首要条件。种子吸水后，细胞才会从静止状态转向活跃状态，然后才能萌发。种子萌发是指种子从吸胀作用开始的一系列有序的生理过程和形态发生过程，在这一期间的各种逆境都会引起种子的生理反应，如膜脂过氧化、抗氧化防御反应及各种激素的条件作用。PEG 模拟干旱胁迫是通过调节溶液渗透达到阻碍水分进入水稻种子内部的目的。高浓度的 PEG 处理，能不同程度地抑制 α-淀粉酶活性，降低根系活力和可溶性糖含量以及抑制种子根伸长；但随着 PEG 浓度提高，基质中水分含量不断减少，种子有氧呼吸减弱，代谢活动缓慢引起根系活力的降低，根系生长受到抑制。水稻种子中各种生理代谢过程也发生了很大变化，表现为淀粉酶活性降低，可溶性糖和可溶性蛋白含量下降，游离氨基酸含量提高，种子萌发率大幅度降低。PEG 模拟干旱胁迫抑制了 3 个材料的芽长和根长的伸长，对水稻越富的抑制作用更明显，旱稻 IRAT109 受到的抑制作用比较小。各材料的 MDA 含量都明显上升，显示遭受水分胁迫。但是旱稻 IRAT109 比水稻有较高的 POD 活性，清除 MDA 和 H_2O_2 等危害，以减少对萌发种子的毒害作用。另一方面，旱稻的种子中具有较高的 GA/ABA 比值、IAA 和 ZR 含量，有利于种子的萌发和种子根系和芽的生长，并且旱稻的可溶性糖含量和 α-淀粉酶活性比较高，能量的供应能力强于水稻，所以，在干旱胁迫环境下，旱稻种子

的萌发能力远强于水稻。

第二节　短时干旱胁迫对水旱稻
叶绿素荧光的影响

作物光合作用对干旱胁迫反应十分敏感，干旱胁迫环境植物叶片叶绿素稳定性下降，含量降低，叶片光合速率也降低，从而导致作物产量降低。干旱影响植物光合作用的主要因素是气孔限制和非气孔限制因素。气孔限制是指在干旱胁迫环境情况下，植物叶片的气孔导度下降，二氧化碳进入叶片受阻，从而导致光合速率下降。非气孔限制是指植物光合器官本身的光合活性的降低。随着干旱导致光合色素含量逐渐下降，净光合速率和蒸腾速率也随之开始下降，植物的光合作用受到相应的抑制。在严重的干旱胁迫状态下，叶绿素 a 和叶绿素 b 含量降低（非气孔因素）以及气孔导度明显下降（气孔因素），使叶绿体的捕光性能和光系统受到严重的伤害，CO_2 的同化效率减弱，从而导致净光合速率大幅降低。干旱胁迫造成的气孔关闭、水分平衡失调和酶失活会降低 CO_2 同化量和光系统域光化学活性与光合电子需求不平衡，伤害叶片的叶绿体光合机构 PS 系统，引发光合机构受损。耐性品种具有较强的热耗散和光呼吸等耗散过剩光能的调节机制，对干旱和光胁迫的保护能力较强。旱稻的抗旱性优于水稻，利用水稻越富、旱稻 IRAT109 及导入系 IL392 为材料，用叶绿素荧光成像系统 Imaging-PAM 测定叶片的叶绿素荧光，分析水旱稻叶绿素荧光对瞬时干旱的适应机制。

一、短时干旱胁迫对水旱稻叶片 Y（Ⅱ） 的影响

干旱胁迫对水旱稻叶片叶绿素荧光的影响是从叶片顶端向叶片基部

逐步发生的。我们把叶片从顶端到叶片基部均匀分为了 9 个部分，分别标记为部位 1、2、3、4、5、6、7、8、9，测定叶片光系统Ⅱ的荧光参数，来分析干旱对叶片各部位光系统Ⅱ的胁迫损伤规律。整体上随着胁迫时间的延长，旱稻 IRAT109 和水稻越富叶片实际光化学量子效率 Y（Ⅱ）降低。同一材料不同部位，叶片实际光化学效率 9>8>7>6>5>4>3/2/1，且干旱胁迫后实际光化学量子效率的下降幅度 IRAT109 的 1、2、3、4 部位最大，并且干旱胁迫造成实际光化学量子效率的降低整体性强，主要集中于上部（图 1-4）；干旱对越富实际光化学效率的影响也主要集中于上部，对 IL392 实际光化学量子效率没有产生极大的影响，且影响从叶片上部开始发生，即实际光化学量子效率的降低从叶片上部开始发生。短时间的干旱胁迫（60 min 以内）提高了 IL392 的实际光化学量子效率。

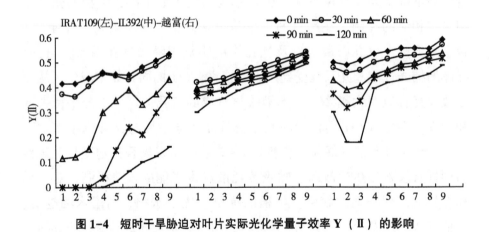

图 1-4　短时干旱胁迫对叶片实际光化学量子效率 Y（Ⅱ）的影响

二、短时干旱胁迫对水旱稻叶片 NPQ 的影响

热耗散 NPQ 成像揭示了同一部位不同材料和同一材料不同部位对干旱胁迫的响应情况。图 1-5 显示，随着胁迫时间的延长，叶片损伤增加，

热耗散增加，同一材料不同部位，叶片上中部的（2、3、4）热耗散更大（IL392 例外），顶部次之，下部最小，说明叶片上中部的损伤更大，顶部次之，叶片底部的损伤小。其次，同一部位不同材料，0～30 min，IRAT109>IL392>越富，说明 IRAT109 和 IL392 对干旱胁迫能够迅速做出反应，通过增加热耗散来保护自身，而越富对干旱胁迫反应迟钝；胁迫 60 min 以后，IRAT109>IL392/越富，IL392 热耗散增加幅度小，而且 30 min 的胁迫降低了热耗散，60 min 时又骤然增加，IL392 叶片各部位热耗散比较均衡。

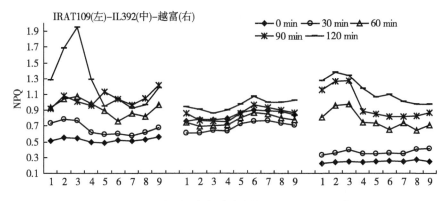

图 1-5　短时干旱胁迫对叶片热耗散 NPQ 的影响

三、短时干旱胁迫对水旱稻叶片 qP 的影响

光化学淬灭系数 qP 反映了植物叶片光合活性的高低。图 1-6 显示，随着胁迫时间的延长，叶片光合活性降低，同一材料不同部位，叶片光合活性 9>8>7>6>5≥4>3/2/1，且干旱胁迫后光合活性的下降幅度 IRAT109 的 1、2、3、4 部位最大，并且干旱胁迫造成的损伤整体性强，主要集中于上部；干旱对越富光合活性的影响也主要集中于上部，对 IL392 光合活性没有产生极大的影响，且影响从叶片上部开始发生。

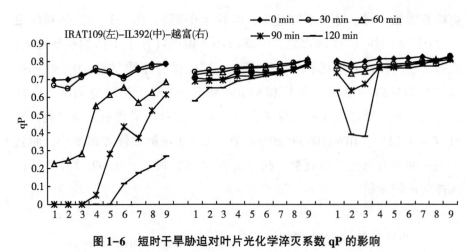

图1-6　短时干旱胁迫对叶片光化学淬灭系数 qP 的影响

四、短时干旱胁迫对水旱稻叶片 ETR 的影响

图1-7可见，随着胁迫时间的延长，旱稻 IRAT109 和水稻越富叶片相对电子传递速率 ETR 降低。同一材料不同部位，叶片相对电子传递速率 9>8>7>6>5>4>3/2/1，且干旱胁迫后相对电子传递速率的下降幅度 IRAT109 的1、2、3、4部位最大，并且干旱胁迫造成相对电子传递速率

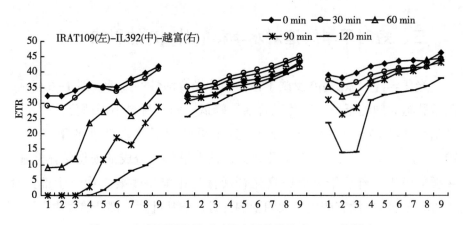

图1-7　短时干旱胁迫对叶片电子传递速率 ETR 的影响

的降低，并且主要集中于叶片上部；干旱对越富相对电子传递速率的影响也主要集中于上部，对 IL392 相对电子传递速率没有大的影响，且影响从叶片上部开始发生。

五、小结与讨论

叶绿素荧光动力学是监测植物水分和盐碱胁迫的一种理想手段。干旱胁迫植物的 PSⅡ原初光能转换效率和潜在活性降低，光合电子传递受到抑制。玉米和小麦的研究都表明，随着水分的降低，幼苗的 Fo 增大，而 Fv、Fv/Fm、Fv/Fo 显著降低，荧光光合受到抑制。PEG 模拟干旱胁迫，3 个材料的叶片实际光化学量子效率、光化学淬灭系数、相对电子传递速率都降低，热耗散增加。但是，旱稻的叶片光化学量子效率、光化学淬灭系数、相对电子传递速率下降的时间和幅度都较水稻和导入系更早、更大。导入系 IL392 在短时间内的干旱胁迫环境中表现出极度的钝感，影响较小。这可能是旱稻对瞬时干旱胁迫反应比较迅速，以便植物对干旱做出适应机制。转录组分析也发现旱稻比水稻对干旱胁迫较早的应答早，是由于其有更迅速的调控机制，发现在对干旱胁迫的应答基因中，在旱稻中一些应答基因下调或上调较水稻早，暗示旱稻可能拥有比水稻更迅速的应答机制，从而获得了更有效的抗旱能力（高凤华等，2009）。水稻耐盐材料 Pakkali 和敏盐材料 IR29 的研究中也观察到基本一致的现象（Kawasaki et al.，2001）。光系统Ⅰ反应中心亚单位 XI 在旱稻中特异表达，参与在光合作用，可能是旱稻在干旱胁迫条件下有更稳定的光合能力的原因。

植物本身的叶片特征（如叶色、厚薄或比叶重等）与光合机构性能实际光合效率、光系统Ⅰ的量子产量、供体侧和受体侧限制引起的光系统Ⅰ处非光化学能量耗散的量子产量、光系统Ⅱ处调节性和非调节性能量耗散的量子产量等有着紧密的关系。例如，叶绿素含量及其组分虽然对光系统Ⅰ接受过剩光能及热耗散起负向作用，在光系统Ⅱ中进行光能吸收、传递和转换的各个环节中都发挥着非常重要的作用，协调着光系统Ⅱ的高效运转。Cousins et al.（2001）发现植物叶片的光合途径是随着叶位和叶片发育时期而变化。同一植株不同叶位光合作用研究表明，不同叶位光合存在很大差异，光合测定时需要注意叶片叶位因素的影响（许大全，2006）。然而，我们发现在干旱胁迫过程中，叶片会出现卷叶、叶尖发黄等变化，这种现象在叶片顶端最为明显。小麦和玉米中的研究发现同一叶片不同部位的叶绿素含量、光合速率存在明显差异，运用调制叶绿素荧光成像系统 Imaging-PAM 监测干旱胁迫过程叶片不同部位荧光反应情况，叶片实际光化学量子效率、光化学淬灭系数、相对电子传递速率各参数都存在叶片的位置效应。受胁迫时，叶尖到叶片基部对干旱胁迫的反应敏感度逐渐减小，对 PSⅡ 的影响从叶片上部到基部逐渐减小，这可能是因为干旱胁迫导致叶片上部叶绿体中的亲锇颗粒增多，加速上部叶片的衰老，因而导致叶片上部的光合性能低于叶片基部。玉米中相关研究表明，叶片的中部光合速率最大，其次是顶部，基部最小，并且显微结构观察发现基部的维管束鞘细胞叶绿体数量少，体积小，排列无规律，类囊体膜有部分垛叠；中部和顶部维管束鞘细胞叶绿体数量多，体积大，大部分围绕维管束呈离心排列，类囊体膜垛叠消失，由于这种细胞结构，叶绿素数量的不同造成了光合性能的差异（王燕鹏等，2012）。我们的实验采用的是距离心叶最近的叶片，基部叶片叶绿素数量多，光合性能强，胁迫环境光合结构稳定性也好。当然除了叶片本身的形态结构方面的原因，水旱稻及导入系的叶位效应也存在差异，遗传因素也会影响叶位效应。

第三节　干旱胁迫对水旱稻叶片
光合荧光的影响

　　光合作用是受水分胁迫影响最严重的生理过程之一，水分胁迫会破坏植物的光合系统，如光系统 Ⅱ 的活性降低，叶片中叶绿素含量的降低，导致光合速率下降。叶绿素荧光与质子梯度的建立、ATP 合成、电子传递和 CO_2 固定等过程有关，并且能够反映光能吸收、激发能传递和光化学反应等光合作用过程的原初反应过程，叶绿素荧光可以反映几乎所有植物光合作用的过程。小麦幼苗 PEG 胁迫显示，胁迫对小麦幼苗叶绿素荧光参数影响较大，随着胁迫的加剧，PS Ⅱ、Fv/Fm 和 Fv/Fo 都表现出降低趋势，叶片内发生光抑制，同时非光化学能量耗散的提高，有助于耗散过剩的激发能，以保护光合机构，缓解环境胁迫对光合作用的影响，体现了小麦叶片的自我保护机制。旱稻在抗旱性、耐渗透胁迫、气孔调节等方面都优于水稻，研究 PEG 模拟干旱胁迫对水旱稻光合荧光的影响，为发展节水农业提供一定的理论依据。

一、PEG 胁迫对水旱稻光合参数的影响

干旱胁迫后根部相对含水量旱稻 IRAT109 和 IL392 显著高于水稻越富，地上部相对含水量旱稻 IRAT109 最高，水稻越富次之。IRAT109 和 IL392 的根部保水能力比越富强。图 1-8 干旱胁迫对叶片光合参数的影响可知，旱稻 IRAT109 和 IL392 蒸腾速率（Tr）随着干旱胁迫时间的延长，呈现先急剧下降又上升后又减小的趋势，2 个材料蒸腾速率随着干旱胁迫的时间趋势一致；水稻越富叶片蒸腾速率则是随着干旱胁迫时间的延长，呈现先急剧下降又上升的趋势。从处理时间点分析，0 h 和 3 h 的蒸腾速率 3 种材料没有显著性差异；处理 9 h 和 24 h 时，蒸腾速率水稻越富显著低于旱稻 IRAT109 和 IL392；处理 48 h 时，水稻越富显著高于旱稻 IRAT109 和 IL392。

气孔导度（Gs）随着处理时间的延长呈先急剧下降，又上升又下降后趋于稳定的趋势。从处理时间点分析：在 0 h 时，气孔导度水稻越富显著大于旱稻 IRAT109 大于 IL392；在处理 3 h 时，气孔导度 IL392 显著高于其他 2 种材料；在处理 9 h 时，气孔导度旱稻 IRAT109 和 IL392 都分

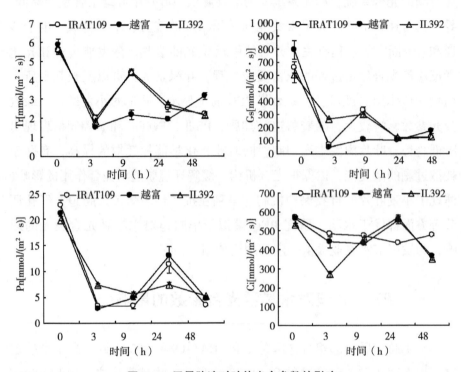

图1-8　干旱胁迫对叶片光合参数的影响

别显著高于水稻越富；在处理24 h和48 h时，3种材料的气孔导度没有显著性差异。

净光合速率（Pn）随着干旱胁迫时间的延长呈先下降后上升又下降的趋势。从处理时间点分析：在0 h时，净光合速率旱稻IRAT109大于水稻越富大于IL392，但是差异不显著；处理3 h时，净光合速率IL392大于旱稻IRAT109和水稻越富，并且达到显著水平，旱稻IRAT109和水稻越富差异不显著；处理9 h时，IRAT109净光合速率显著低于其他2种材料；处理24 h时，净光合速率IL392显著低于旱稻IRAT109和水稻越富；处理48 h时，旱稻IRAT109净光合速率显著低于其他2种材料。

水稻越富和IL392胞间CO_2浓度（Ci）随着干旱胁迫时间呈先下降又上升又下降的趋势，旱稻IRAT109胞间CO_2浓度随着干旱胁迫时间呈先下降又上升的趋势。从处理时间点分析：在处理 3 h 时，旱稻 IRAT109 和水稻越富胞间 CO_2 浓度高于 IL392 胞间 CO_2 浓度；在处理 24 h 时，旱稻 IRAT109 胞间 CO_2 浓度低于 IL392 和水稻越富；在处理 48 h 时，旱稻 IRAT109 胞间 CO_2 浓度要高于 IL392 和水稻越富。

二、PEG 胁迫对水旱稻叶绿素荧光参数的影响

旱稻 IRAT109 光系统 Ⅱ 的实际光化学量子效率 Y（Ⅱ）、光系统 Ⅱ 的相对电子传递速率 ETR 以及光化学淬灭系数 qP 随着干旱胁迫时间的延长呈现波动性的下降；水稻越富的 Y（Ⅱ）、ETR 以及 qP 等参数随着干旱胁迫时间呈先上升后下降的趋势；旱稻 IRAT109 和导入系 IL392 非光化学淬灭系数 qN 则是先上升后下降而后又上升（图 1-9）。从胁迫各时间分析材料间的差异：处理 0 h，旱稻 IRAT109 的 Y（Ⅱ）和 ETR 大

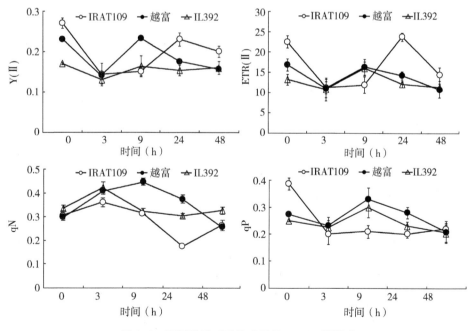

图 1-9　干旱胁迫对叶片光系统（Ⅱ）的影响

于水稻越富和导入系 IL392，旱稻 IRAT109 的 qP 高于水稻越富和导入系 IL392；处理 9 h，水稻越富的 Y（Ⅱ）、qN、qP 高于旱稻 IRAT109 和导入系 IL392；处理 24 h，旱稻 IRAT109 的 Y（Ⅱ）和 ETR 大于水稻越富和导入系 IL392，水稻越富的 qN 和 qP 高于旱稻 IRAT109 和导入系 IL392；处理 48 h，导入系 IL392 的 qN 高于水稻越富和旱稻 IRAT109。

光系统 Ⅱ 的荧光参数随着胁迫时间的变化曲折下降，短时间胁迫提高了叶片的 Y（Ⅱ）、ETR 和 qP。这可能是因为干旱胁迫对光系统 Ⅱ 的伤害在一定程度上具有可逆性，并且在胁迫 48 h 的时间内光化学淬灭系数旱稻 IRAT109 有一个上升的趋势，说明旱稻能够对干旱胁迫迅速的做出反应以适应这种不适的胁迫环境。水稻越富在干旱初期干旱胁迫提高了它的光系统 Ⅱ 性能，但是，随着水分干旱胁迫的持续加重，水稻越富就难以抵抗这种干旱胁迫环境，因而，多个光合荧光参数在干旱胁迫的后期呈持续不断的下降趋势。胁迫后 9 h，水稻越富的 qN 是一直升高的，这说明干旱胁迫使水稻越富产生了光抑制，随着干旱胁迫的持续，这种光抑制演变为一种不可逆的光损伤。IL392 和 IRAT109 虽然在胁迫初期 qN 升高，热耗散增强，之后 qN 下降，但在胁迫后期 qN 的回升，则说明干旱胁迫对 IRAT109 和 IL392 造成的损伤是一种可修复的、可逆的暂时损伤。干旱胁迫对越富光系统 Ⅱ 造成了不可逆的损伤，对 IRAT109 造成的损伤是暂时的。旱稻表现比水稻有更强的耐旱能力。

三、小结与讨论

植物感知干旱胁迫后，光合作用下降是适应性反应，并引起叶片中叶绿素 a 和叶绿素 b、类胡萝卜素等光合色素含量的降低。无论是敏旱品种还是抗旱品种，失水都会导致对光合碳同化的抑制，相比敏旱品种，抗旱品种的光合作用受抑制程度较轻。短时干旱胁迫叶片的光合性能会表现暂时性的提高，随着干旱胁迫的持续，植株相对含水量降低、叶片蒸腾速率、气孔导度、胞间 CO_2 浓度、光合速率等下降，叶片光合性能也下降。热耗散 qN 的变化暗示，持续性的干旱胁迫对越富光系统 II 造成永久性损伤，而 IRAT109 和 IL392 表现暂时性损伤，表明 IRAT109 和 IL392 可能有更强的抗旱能力。作为植物的一种光化学保护机制，干旱胁迫前期，叶片光能转化效率降低，将过剩的光能以热耗散的形式散发出来，导致热耗散增加。随着干旱胁迫的持续，叶片的热耗散降低，叶黄素循环受影响，发生光抑制，净光合速率降低（黄金丽等，2008）。植株叶片含水量的降低，叶绿体内部 PS II 反应中心的开放程度减小，PS II 的实际量子效率和电子传递速率下降，导致实际光化学效率降低，蒸腾速率和净光合速率也下降，植物的光合作用受到抑制，最终导致净光合速率下降。胁迫后期，旱稻 PS II 反应中心开放程度提高，热耗散增加，电子传递速率提高；水稻 PS II 反应中心开放程度持续减小，热耗散降低，电子传递速率降低，暗示旱稻对干旱具有更强的耐性。

第四节　外源 ABA 对干旱环境水旱稻光合作用的影响

植物可以感受干旱信号，信号迅速进行传递，从而激活植物的胁迫反应机制。在植物的胁迫信号转导中，主要有 ABA 依赖和非 ABA 依赖两条途径。ABA 可以激活其下游大量转录因子的的表达，从而在植物的抗旱性方面起到重要作用。干旱会导致 CO_2 含量、气孔、光合作用效率等光合性能的严重受损，光合途径的许多基因和蛋白也受到干旱的抑制（Zhou et al.，2007；Kilian et al.，2007）。植物光合作用过程，光系统 II 起到光能转化、释放氧气以及水的裂解作用。在该光系统 II 复合物中，反应中心是进行原初光化学反应的叶绿素结合蛋白复合体。D1-D2-Cytb559 是其基本结构单位。该复合物可以由光系统 II 将电子传递给光系统Ⅰ，从而完成光合作用电子传递这一重要步骤。D1 和 D2 二者组成的异源二聚体上结合着与电子传递有关的大部分色素分子和辅助因子，它们在植物光合作用过程中起到极其重要的作用，是光系统Ⅱ的核心蛋白。叶绿体基因 *psbA* 和 *psbD* 分别编码 D1 和 D2 两个反应中心蛋白。研究发现干旱会抑制 *psbA*、*psbD* 及 D1 和 D2 蛋白表达的下调，导致叶绿素 a 和叶绿素 b 含量的下降，从而影响光合系统Ⅱ（Yuan et al.，2005；Duan et al.，2006）。

干旱胁迫会诱导植物内源 ABA 含量增加，ABA 合成途径关键酶玉米黄素环氧化酶（ZEP）和 9-顺式-新黄素加双氧酶（NCED）会被胁迫大量诱导。尤其是 NCED3，胁迫后表达会显著上升，从而提高 ABA 的含量，其他 NCED 基因对于干旱胁迫 ABA 的积累作用较小，ZEP 的表达也受不同材料及器官的限制。外源 ABA 可以诱导植物气孔关闭、渗透调节及抗氧化酶活性等，有助于提高植物的抗旱性（Zhang et al.，2007）。目前，拟南芥 *ZEP*、*MCSU* 和 *AAO3* 及花生 *AhNCED1* 已经发现可以被外源 ABA 诱导（Xiong et al.，2002；Guo et al.，2009）。Wang et al.（2011）发现外源 ABA 诱导的 *psbA* 转录水平的升高可以减轻胁迫对光合系统Ⅱ的伤害。Xiong et al.（2003）认为 ABA 合成基因对外源 ABA 的反应存在材料的特异性。旱稻和水稻是两个对水分胁迫反应不同的生态型，它们在对抗旱性方面存在显著的差异。ABA 在诱导气孔关闭、增强植物抗氧化还原能力和减少对光合系统Ⅱ损伤等方面起重要作用。利用水稻越富、旱稻 IRAT109 为材料，设置 PEG 和外源 ABA（PEG+ABA）两种处理，分析光合系统Ⅱ光合荧光参数的变化及光合系统Ⅱ、ABA 合成相关基因的表达。

一、外源 ABA 对干旱环境光合参数的影响

PEG 胁迫和 PEG+ABA 处理后叶片光合结果显示（图 1-10），在遭受 PEG 胁迫处理最开始的 3 h，所有的光合参数 Gs、Ci、Tr 和 Pn 都表

现迅速降低；随后的 3~9 h/24 h，Gs、Tr 和 Pn 表现一个缓慢的恢复上升过程。直到胁迫 48 h，所有的光合参数都维持在一个较低的水平。与 PEG 胁迫相比，外源 ABA 处理造成了净光合速率的上升，表现在 ABA 处理后 3 h，水旱稻材料的净光合速率都恢复上升，且旱稻的净光合速率大于水稻。旱稻的气孔导度及蒸腾速率在外源 ABA 处理 24 h 也表现一个显著的恢复性上升，水稻没有表现出此规律。

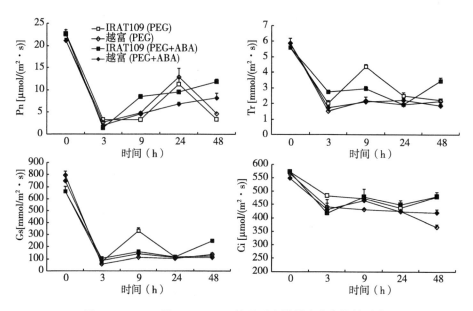

图 1-10　PEG 及 PEG+ABA 处理对水旱稻光合参数的影响

二、外源 ABA 对干旱环境叶绿素荧光参数的影响

PEG 胁迫和 PEG+ABA 处理后叶片叶绿素荧光参数的分析结果显示（图 1-11），PEG 胁迫虽然没有影响植物的最大光化学量子产量，但是叶绿素荧光参数 qP 和 φPSⅡ 表现前 3 h 迅速下降，而后缓慢下降。ETR 和 NPQ 分别在胁迫的前 3 h 和 9 h 有一个轻微的上升，而后

下降。但是旱稻的电子传递速率 ETR 高于水稻，而水稻的热耗散高于旱稻。

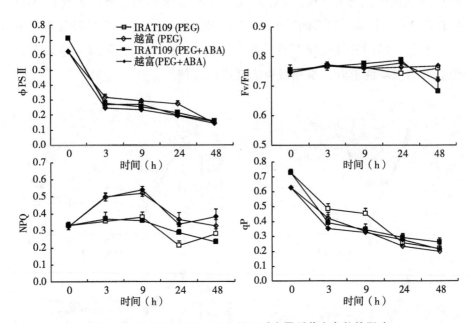

图 1-11　PEG 及 PEG+ABA 处理对水旱稻荧光参数的影响

三、叶绿体基因对 PEG 及外源 ABA 处理的反应

叶绿体基因 *OsPsbA*、*OsPsbD1* 和 *OsPsbD2* 分别编码光合系统 II 的主要功能蛋白 D1 和 D2。由图 1-12 可知，PEG 胁迫引起水旱稻 *OsPsbD1* 和 *OsPsbD2* 基因表达量的一致迅速下调，*OsPsbA* 表达量两个材料表现不一致，水稻胁迫后表现显著上调，而旱稻却表现下调。与 PEG 胁迫相比，外源 ABA 处理引起水旱稻叶绿体基因不同的反应，旱稻 *OsPsbD1* 和 *OsPsbD2* 基因表达量上调，水稻 *OsPsbA* 表达量下调。

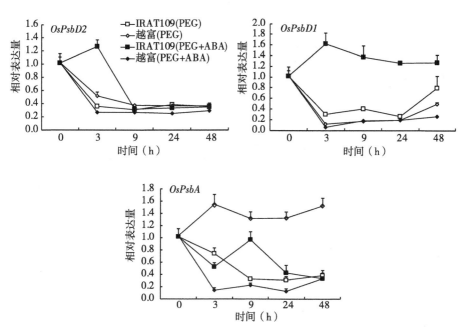

图 1-12　PEG 及外源 ABA 处理对水旱稻叶绿体基因的影响

四、ABA 合成基因对 PEG 及外源 ABA 处理的反应

ABA 合成途径关键基因 *OsNCED2*、*OsNCED3*、*OsNCED5* 和 *OsZEP* 在 PEG 胁迫及外源 ABA 处理的表达量分析结果显示见图 1-13，PEG 胁迫处理引起水旱稻 *OsNCED2* 和 *OsNCED5* 的表达下调。对于 *OsNCED3* 和 *OsZEP*，PEG 胁迫诱导其基因表达量的上调，但是水旱稻上调的时间和幅度存在差别。旱稻比水稻上调得更早、幅度更大，胁迫后 3 h，*OsNCED3* 和 *OsZEP* 分别上调了 3.75 倍和 4.45 倍；而水稻在胁迫 9 h 才分别上调 3.12 和 2.52 倍。相比 PEG 胁迫处理，外源 ABA 处理对水旱稻材料 ABA 合成基因作用巨大，且材料间表现明显差异。对于旱稻来说，外源 ABA 处理 3 h，*OsNCED2*、*OsNCED3* 和 *OsNCED5* 的表达量分别上调了 8.16 倍、11.65 倍和 3.76 倍，更重要的是，ABA 处理后 *OsNCED3* 和 *Os*-

NCED5 的表达一直维持一个较高的水平，而外源 ABA 对水稻 ABA 合成基因的表达没有显著影响。Li et al.（2014）发现旱稻 *OsNCED4* 也受 ABA 处理诱导高表达。

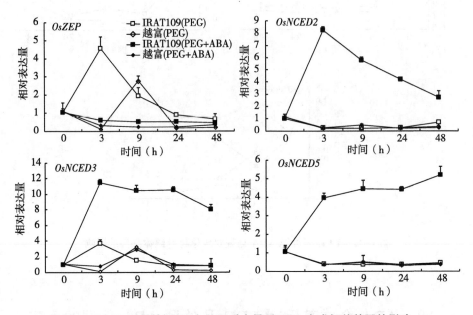

图 1-13　PEG 及外源 ABA 处理对水旱稻 ABA 合成相关基因的影响

五、小结与讨论

植物的光合作用对干旱十分敏感，干旱影响植物的净光合速率、光合碳氮代谢，甚至会对光合机构造成损伤。本实验发现 PEG 胁迫也导致水旱稻几乎所有的光合、荧光参数降低。Kilian et al.（2007）的研究发现干旱胁迫会引起多数 ABA 合成基因的上调及光合基因的下调。PEG 诱导的干旱胁迫会导致 ABA 合成途径基因 *OsNCED3*、*OsNCED4* 和 *OsZEP* 的上调表达，但是 *OsNCED1*、*OsNCED2* 和 *OsNCED5* 表达量却下降。另外，旱稻相比水稻，*OsNCED3*、*OsNCED4* 和 *OsZEP* 对水分胁迫的上调更迅速、幅度更大。对于叶绿体基因，*OsPsbD1* 和 *OsPsbD2* 受胁迫后表达受抑制。旱稻 IRAT109 由于渗透调节能力较强、根系发达等原因，比水稻更抗旱。然而，旱稻光合参数、荧光参数及叶绿体基因的表达同水稻一样，都对水分胁迫表现出同样的敏感性，并没有表现出旱稻特异的抗旱性。推测可能是旱稻 ABA 合成途径基因 *OsNCED3*、*OsNCED4* 和 *OsZEP* 对干旱的迅速、大幅度上调，从而使 ABA 的合成与积累引发了渗透调节及气孔关闭等对干旱的适应性反应，Lian et al.（2006）的研究也证明这一观点，干旱胁迫后旱稻会更快地合成 ABA。另外，旱稻 IRAT109 比水稻越富更迅速的调控机制引起了旱稻对干旱胁迫较早的应答，旱稻比水稻能更迅速地达到代谢平衡，因此旱稻比水稻具有更强的调控能力和更强的干旱抗性。

外源 ABA 处理可以减轻干旱对光系统 II 的损失。外源 ABA 处理使胁迫状态的 2 个水旱稻材料的净光合速率得到缓慢的恢复，旱稻净光合速率恢复得比水稻多，并且外源 ABA 也使气孔导度和蒸腾速率有一定程度的恢复，这都暗示外源 ABA 对干旱胁迫状态旱稻的光系统 II 稳定性可能起一定的作用。叶绿素基因表达定量结果也证明这一点，外源 ABA 可以上调叶绿素基因 *OsPsbD1* 和 *OsPsbD2* 的表达，促进光合系统的稳定性。此外，旱稻材料 ABA 合成基因 *OsNCED2*、*OsNCED3*、*OsNCED4* 和 *Os-NCED5* 也受 ABA 诱导上调表达。这表明，旱稻基因型 ABA 可以通过激活其合成途径关键基因的表达而正调控自身的合成，这与 Xiong and Zhu（2003）认为 ABA 有正反馈调节机制的观点一致。

水稻越富和旱稻 IRAT109 对外源 ABA 处理表现不同的反应，外源 ABA 可以更快、更高的诱导多数叶绿素基因和 ABA 合成途径基因的上调表达，从而去适应干旱胁迫。一方面，被 ABA 诱导上调的的叶绿素基因 *OsPsbD1* 和 *OsPsbD2* 会加速光系统 II 核心蛋白 D2 的合成，从而维持光系统 II 的稳定性。另一方面，诱导上调表达的 ABA 合成基因 *Os-NCED2*、*OsNCED3*、*OsNCED4* 和 *OsNCED5* 会促进 ABA 的积累，ABA 的积累又引发渗透调节及抗氧化还原反应等抗干旱调节作用。Qu et al.

（2008）证明旱稻 IRAT109 的渗透调节作用优于水稻越富。外源 ABA 诱导的渗透调节及光系统 II 的功能性修复可能是旱稻净光合速率、气孔导度和蒸腾速率恢复性上升的原因。

第五节　干旱环境水旱稻种子萌发的差异转录组

　　植物种子萌发是指植物种子从吸收水分、膨胀作用开始的一系列有序的生理反应过程和形态发生过程，而启动种子的萌发这一过程，除了种子本身需要具有解除休眠期和健全的发芽能力以外，也需要一定的外部环境条件，主要是充足的水分、足够的氧气和适宜的温度。种子萌发时，第一步就是吸收水分。种子吸收水分后使种皮膨胀、软化，更多的氧可以透过种皮进入种子的内部，二氧化碳透过种皮而排出，种子内部的物理状态也相应发生变化。所以，种子在启动萌发的一系列酶的活动以前，必须要吸足水分，才能开始萌发。不同植物种子萌发时所需要的吸水量也不同。以含淀粉为主的禾谷类种子如小麦、水稻等吸水较少，含蛋白质较多的种子如豆科的大豆、花生等吸水较多；一般种子吸水有一个临界值，在此值以下不能萌发。种子萌发时所需吸水量的差异，主要是由于种子所含的内部物质不同而引起的。为满足种子萌发时对外界环境水分的需要，在农业生产中，农民一般会适时足墒播种，精耕细作，为种子的萌发创造良好的外部吸水条件。另外，研究者也致力于发现控制种子萌发能力的基因，发现调控种子萌发的基因网络，从基因水平调控种子的萌发，提高种子的萌发能力，保障种子的安全。

　　水稻和旱稻在水分缺失下种子萌发能力有较大差异。与水稻相比，旱稻的发根速度较快，在渗透胁迫环境能维持较高的相对含水量、较高的保护酶活性及激素调节能力。近年来，高通量转录组测序技术的快速发展和完善，为开展水稻等模式作物的功能基因组学研究奠定了基础。探讨水旱稻胁迫与正常条件下种子萌发转录组基本信息，分析种子发育过程中的水旱稻基因转录差异表达信息，为解析旱稻干旱条件下强萌发能力、种子萌发性状相关基因克隆及功能分析等研究奠定基础。

一、萌发种子转录组测序结果

对 PEG 胁迫 1 天的水稻越富（T1）、旱稻 IRAT109（T2）的萌发种子进行转录组测序分析，从整体转录组水平解析抗旱性不同品种种子萌发过程的转录组差异。另外，对与胁迫同时期的正常水分萌发的旱稻 IRAT109（T3）进行转录组测序，对胁迫及正常水分状态旱稻种子萌发的转录组差异进行分析。3 个样品转录组与参考基因组的比对结果见表 1-1，分别共获得 23 429 106、20 150 182、28 359 036 个 reads。比对效率在一定程度上反映测序水平的高低以及后期分析水平的可靠程度，能够与参考基因组比对上的 reads 数达到 91.22%~92.48%，其中 98% 以上的是比对位置唯一的 reads，这表明测序结果能够满足后续分析的需要。从 PEG 胁迫后种子萌发的转录组来看，*Os01t0256500* 在 2 个品种中均具有较高的校正平均 reads 数（T1，161 570；T2，95 264），其次为 *Os11t0703900*、*Os01t0907600*、*Os11t0703900* 和 *Os03t0432100*。

表 1-1 转录组与参考基因组比对的统计结果

样品	总 Reads	定位 Reads	唯一 Reads	多位置 Reads
T1	23 429 106	21 373 128	21 058 329	314 799
	100%	91.22%	98.53%	1.47%
T2	20 150 182	18 480 714	18 200 843	279 871
	100%	91.71%	98.49%	1.51%
T3	28 359 036	26 227 402	25 897 948	329 454
	100%	92.48%	98.74%	1.26%

二、表达基因注释与差异分析

1. 表达基因的注释

萌发种子转录组测序，3 个样品共获得 29 038 个注释基因，2 448 个新转录本（nTARs）。PEG 处理后的越富种子（T1）中有 26 711 个表达基因，PEG 处理后的 IRAT109 种子中有 26 512 个表达基因，而 IRAT109 正常萌发种子中表达基因最多，为 27 425 个。不同品种及同一品种不同处理下都存在各自特异表达的基因，其中 IRAT109 正常萌发种子中有较多特异表达的基因，共 915 个，FPKM 值范围为 $4.55 \times 10^{-5} \sim 475.58$，其中表达较高的是一些未确定的假设蛋白。PEG 处理后的越富种子中有 717 个特异表达的基因，FPKM 值范围为 $9.86 \times 10^{-7} \sim 220.16$，其中表达量较高的基因中，除 *Os07t0543700*（FPKM，184.4）功能与 Mov34/MPN/PAD-1 家族蛋白相似外，其他也多为未确定的假设蛋白。PEG 处理后的 IRAT109 种子中含有的特异表达的基因最少，为 453 个，FPKM 值范围为 $1.02 \times 10^{-6} \sim 54.90$，其中表达量最高的是 *Os02t0508801*（FPKM，54.90），其次为 *Os11t0199900*（FPKM，50.40）、*Os01t0101900*（FPKM，12.29）、*Os10t0214132*（FPKM，7.65），在表达量较低的特异表达基因中 *Os04t0182900* 与 *Os01t0101900* 近似，*Os07t0162600* 及 *Os07t0446000* 在特异表达基因中其表达量最低。

2. 差异基因的表达量分析

PEG 处理后，种子萌发过程水、旱稻种子中大多数表达的基因不存在显著差异；旱稻 IRAT109 相对于水稻越富的差异表达基因，IRAT109 表达量高于越富的基因（1 397 个），多于表达量低于越富的基因（1 012 个）。旱稻 IRAT109 种子萌发在 PEG 胁迫和正常对照情况大多数的表达基因也不存在显著差异。同一品种 IRAT109 不同处理下的差异表达基因少于不同品种间的差异基因；PEG 胁迫相对于对照的差异表达基因中，PEG 胁迫后旱稻 IRAT109 的上调基因（717 个）要多于下调基因（553 个）。旱稻相对于水稻特异表达，且胁迫后特异的基因数 453。进一步分

析发现，胁迫处理在旱稻中基因上调表达，且表达量旱稻高于水稻的有
160 个基因（图 1-14），这 160 个基因是旱稻胁迫诱导且与旱稻强萌发
能力有关，所以可能与抗旱萌发相关。

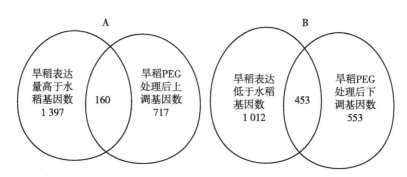

图 1-14　PEG 胁迫后旱稻高表达基因（A）及上调表达基因（B）数

三、种子萌发差异表达基因的功能分析

1. 干旱环境水旱稻种子萌发差异基因分析

由表 1-2 可知，PEG 胁迫 1 天，旱稻 IRAT109 与水稻越富相比共有
差异表达基因 2 410 个。其中有 58.01%（1 398 个）的基因表现旱稻
IRAT109 表达量高于水稻越富（上调），41.99%（1 012 个）的基因表现
旱稻 IRAT109 表达量低于水稻越富（下调）。1 398 个差异基因的上调倍
数为 2.65~126.70，*Os04t0496300* 上调倍数最大，通过 GO 注释发现该
基因具有有机循环复合绑定功能，参与细胞代谢和有机物质代谢过程，
其次是 *Os06t0160100* 上调倍数 99.41，具有 DNA 结合，蛋白二聚化活
性，参与核小体装配、细胞增殖过程。在差异基因的 GO 注释中通过关
键词查找发现，在上调基因中有 106 个可能参与了水分胁迫响应过程
（O：0009414），38 个可能参与淀粉代谢过程（GO：0005982，GO：
0005983，GO：0019252），49 个可能参与蔗糖代谢过程（GO：0005987，
GO：0005986，GO：0009744 等），33 个可能参与了 GA 刺激、代谢过

程（GO：0009686，GO：0009739，GO：0010476 等），127 个可能参与了 ABA 相关调控过程（GO：0009738，GO：0009737，GO：0010294 等），40 个可能具有分子功能是过氧化物酶活性（GO：0004601，GO：0016688，GO：0004602）；其中 *Os04t0413500* 具有蔗糖 α-葡糖苷酶活性，上调 17.45 倍，参与淀粉、蔗糖的代谢过程；*Os04t0249500* 具有蔗糖合酶活性，上调 15.89 倍，可能参与淀粉、蔗糖的代谢过程，响应水分胁迫；*Os07t0543300* 具有 α-淀粉酶活性，上调 12.89 倍，参与过程与 *Os04t0249500* 相同；*Os10t0109300* 具有过氧化物酶活性（GO：0004601），上调 30.99 倍，参与多种抗性响应途径。另外，*Os01t0201600* 是一种水稻赤霉素调节基因，上调 3.37 倍，*Os03t0742900* 是与生长素信号途径相关的基因，上调 2.84 倍。

1 012 个下调基因的下调幅度为 60.62% ~ 99.97%，与水分响应、淀粉蔗糖代谢、激素等生化过程有关的基因都少于上调基因中与之有关的基因，其中与 ABA 相关的下调基因有 81 个，*Os09t0457100*、*Os11t0454300* 分别下调 87.86%、83.46%。只在 IRAT109（相对于越富）中表达的转录本有 1 661 个，包括 1 412 个基因和 249 个 nTARs，其中 1 412 个基因的 FPKM 值范围为 1.02×10^{-6} ~ 100.80，其中具有功能注释的基因中 *Os11t0199900* 表达量最高（FPKM，50.40），是一种包含 F-box 区域的蛋白，其次是与细胞代谢、增值、有机物代谢等生化过程有关的基因，如 *Os06t0160100*、*Os01t0756900* 和 *Os04t0496300*。

表 1-2　两组差异基因分析汇总

样品	基因数		nTARs		T2 特异表达	
	上调	下调	上调	下调	基因	nTARs
T2 vs T1	1 398	1 012	196	212	1 412	249
T2 vs T3	717	553	113	42	896	110

2. 干旱与正常环境旱稻种子萌发的差异基因分析

胁迫与正常水分条件旱稻 IRAT109 种子中共有 1 270 个基因存在表

达差异，其中有 56.46%（717 个）表现 PEG 处理后表达量高于对照（上调），43.54%（553 个）表现 PEG 处理后表达量低于对照（下调）。717 个基因的上调倍数为 2.63~871.63，*Os02t0716550* 的上调倍数最大，该基因在 Gene Ontology（GO）注释中具有氧化还原活性及脂肪脱氢酶活性，参与与脂肪合成代谢、氧化还原有关的生化途径，*Os07t0170000*（上调 58.53 倍）在 GO 注释中也具有氧化还原活性，参与细胞代谢及氧化还原有关的生化途径；其次是 *Os08t0191100*、*Os04t0412350* 分别上调 95.48 倍、29.63 倍，是一种水解蛋白，参与高分子的代谢过程。在上调基因中有 59 个可能参与了水分胁迫响应过程（GO：0009414），6 个可能参与淀粉代谢过程（GO：0005982，GO：0005983，GO：0019252），14 个可能参与蔗糖代谢过程（GO：0005987，GO：0005986，GO：0009744 等），有 28 个可能参与了 GA 刺激、代谢过程（GO：0009686，GO：0009739，GO：0010476 等），75 个可能参与了 ABA 相关调控过程（GO：0009738，GO：0009737，GO：0009688 等），4 个可能具有分子功能是过氧化物酶活性（GO：0004601，GO：0016688，GO：0004602）。

553 个下调基因的下调幅度为 63.92%~99.36%，其中 *Os01t0780900* 下调幅度最大，通过 GO 注释发现该基因具有催化活性，参与细胞生长，初级代谢过程的调节，应对刺激的细胞反应，高分子化合物代谢以及涉及形态建成的生长发育，这可能与芽长受到严重抑制有关；其次是 *Os03t0223301*（下调 98.45%）下调也具有催化活性，参与细胞大分子代谢调节，*Os08t0184800*、*Os12t0511500* 属于线粒体组分，可能参与种子萌发中的能量调节。

相对于正常萌发情况下的种子来说，PEG 胁迫后 IRAT109 种子中特异表达的转录本共有 1 006 个，其中 896 个基因，110 个 nTARs，这说明同一品种不同处理间的差异表达基因要少于品种间的差异表达基因。PEG 胁迫诱导产生的 896 个 IRAT109 基因的 FPKM 值范围为 1.02×10^{-6} ~ 142.27，其中只有 17 个具有 GO 注释，与蛋白激酶活性、纤维素合酶活性、葡聚糖合成酶活性、NADH 脱氢酶活性、DNA 结合、磷酸酶活性、核酸内切酶活性等功能相关，这可能是 PEG 胁迫后旱稻诱导了大量未知功能基因的表达，并且产生了大量的未知代谢产物。

IRAT109 是抗旱性较强的旱稻品种，相比受 PEG 胁迫的水稻越富及正常水分条件下的 IRAT109，PEG 胁迫的旱稻 IRAT109 种子萌发转录组中有 160 个基因都表现上调，其中有 151 个具有 GO 注释，在上调基因中有 11 个转录因子基因，上调倍数为 2.54~13.22，包括 5 个 WRKY 类转录因子，3 个 ZIM 类转录因子，2 个 bHLH 类转录因子，1 个 MYB 类转录因子，其中 bHLH 类转录因子 *OsbHLH148* 与 *OsJAZ* 蛋白互作参与茉莉酸信号途径调节水稻植株的耐旱性，高表达 *OsbHLH148* 能够引起水稻植株对干旱胁迫的耐性；另外有 8 个基因含有转录因子特征区域，上调倍数为 2.91~10.47，其中 6 个基因含有锌指区域、1 个含有 ZIM 结合域、1 个含有 bHLH 结合域；在上调基因中有 10 个与糖基反应相关，包括 7 个尿苷二磷酸-糖基转移酶（UDP-glycosyl transferases，UGT）和 3 个糖基水解酶，UGT 可以催化糖基反应，糖基化能够改变受体分子的亲水性、化学稳定性、生物活性、亚细胞定位，有助于其在细胞内和生物体内的运输和贮藏，在上调基因中有 7 个 UGT 相关基因上调 2.78~21.82 倍，糖基水解酶参与植物生长发育及对环境应答反应的多种信号传导过程，这可能是旱稻在干旱胁迫后仍然较好生长的一个原因。*Os05t0104700* 相比受 PEG 胁迫的水稻越富种子及正常水分条件下的 IRAT109 种子分别上调 30.80 倍、32.06 倍，GO 注释表明可能参与 ABA、水杨酸、茉莉酸信号调控及株型抗敏反应等生化途径；*Os01t0766966*、*Os02t0538700*、*Os05t0319900* 等可能参与了碳水化合物等高分子代谢，*Os01t0248701* 分别上调 21.35 倍、22.25 倍，GO 注释中具有转移酶活性，参与辅酶 Q、类异戊二烯、磷脂、萜类合成过程。

IRAT109 是抗旱性较强的旱稻品种，相比受 PEG 胁迫的水稻越富及正常水分条件下的 IRAT109，PEG 胁迫的旱稻 IRAT109 种子萌发转录组中有 48 个基因都表现下调，其中 1 个锌指类转录因子，2 个与球蛋白相关的基因，2 个与肽酶相关的基因。

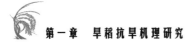

3. 种子萌发差异基因的 GO 分析

(1) 干旱环境水稻与旱稻差异基因的 GO 分析

对有注释基因进行分类，两组差异基因的 GO 注释聚类可知，差异基因覆盖了大多数 GO 功能节点。PEG 胁迫旱稻 IRAT109 与水稻越富间的表达差异基因中总共 2 171 个基因被分配到 54 个 GO 二级功能节点中，其中细胞组分（Cellular component）16 个，分子功能（Molecular function）15 个，生化途径（Biological process）23 个。细胞组分有各级功能节点 388 个，其中 "胞质膜结合小泡"（GO：0016023）含有最多表达差异基因，615 个（337 个上调，278 个下调），其次是 "线粒体"（GO：0005739）、"细胞核"（GO：0005634）分别含有 498、417 个表达差异基因。分子功能各功能节点 1 021 个，与捆绑功能相关的 "蛋白质结合"（GO：0005515）、"结合"（GO：0005488）、"ATP 结合"（GO：0005524）、"DNA 结合"（GO：0003677）、"金属离子结合"（GO：0046872）是富集到较多差异基因的分类，分别富集到 458、257、215、175、129 个表达差异基因，此外与水解酶活性相关的 GO：0016787、GO：0004553、GO：0016788 分别富集到 48、33、15 个表达差异基因。

生化途径 2 424 个功能节点中 "氧化还原途径"（GO：0055114）、"RNA 途径"（GO：0006396）含有表达差异基因最多的两个分类，其次是 "盐胁迫反应"（GO：0009651）、"转录调控" "DNA 依赖"（GO：0006355）、"脱落酸反应"（GO：0009737）、"缺水反应"（GO：0009414）、"冷反应"（GO：0009409）、"防御反应"（GO：0006952），并且在这些 GO 条目中上调基因占多数，在该分类中与 GA 相关的有 6 个，富集到 46 个差异基因，其中 30 个表达上调；在该分类中与 ABA 相关的有 11 个，富集到 219 个差异基因，其中 134 个表达上调；与 IAA 相关的有 5 个，富集到 51 个差异基因，其中 43 个表达上调；与淀粉分解代谢相关的两个生化过程 "淀粉代谢过程"（GO：0005982）、"淀粉分解代谢过程"（GO：0005983）富集 25 个差异基因，其中 21 个表现上调，而与合成代谢有关的 "淀粉生物合成过程"（GO：0019252）、"淀粉生物合成过程调控"（GO：0010581）富集 24 个差异基因，其中 14 个表现下调；与蔗糖分解代谢途径"蔗糖分解代谢过程"（GO：0005987）相关的 10 个差异基因中有 8 个是上调的；与"清除超氧自由基调节"（GO：2000121）有关的 *Os02t0807700* 表现下调。

（2）干旱与正常环境旱稻差异基因的 GO 分析

PEG 胁迫后旱稻 IRAT109 表达差异基因中总共 1 150 个基因被分配到 52 个 GO 二级功能节点中，其中细胞组分 16 个，分子功能 12 个，生化途径 24 个，且各分支各级功能节点都少于品种间差异基因的节点数。细胞组分中，虽然二级功能节点与品种间功能节点富集相同，但总的各级功能节点只有 318 个，其中"细胞核"（GO：0005634）含有最多表达差异基因，250 个（337 个上调，278 个下调），其次是"线粒体"（GO：0005739）、"胞质膜结合小泡"（GO：0016023）分别含有 246、233 个表达差异基因。分子功能比品种间的少 3 个二级功能节点，分别为"通道调节活动""蛋白质标签""翻译调节活动"，各级功能节点 613 个，与品种间二级功能节点相似，"蛋白结合"（GO：0005515）""ATP 结合"（GO：0005524）、"结合"（GO：0005488）、"DNA 结合"（GO：0003677）、"锌离子结合"（GO：0008270）是富集到较多差异基因的分类，分别富集到 280、169、168、129、94 个表达差异基因，其次是"序列特异性 DNA 结合转录因子活性"（GO：0003700）、"蛋白丝氨酸/苏氨酸激酶活性"（GO：0004674）。"RNA 过程"（GO：0006396）、"胁迫反应"（GO：0006952）是生化途径 1 712 个功能节点中含有表达差异基因最多的两个，其次是"DNA 依赖转录调控"（GO：0006355）、"细胞过程调节"（GO：0050794）、"细胞大分子生物合成过程"（GO：0034645）以及一些与防御性相关的生化途径；在该分类中与 GA 相关的有 6 个，富集到 32 个差异基因，其中 27 个表达上调，其中赤霉素生物合成过程（GO：0009686）富集的 4 个基因全部下调；在该分类中与 ABA 相关的有 8 个，富集到 219 个差异基因，其中 134 个表达上调，其中脱落酸生物合成过程（GO：0009688）的 6 个差异基因中 5 个表现上

调，脱落酸代谢过程（GO：0009687）的 2 个差异基因表现下调；与
IAA 相关的调节信号途径"生长素介导的信号通路"（GO：0009734）富
集到 7 个差异基因全部表现表达上调，而与 IAA 运输有关的则主要表现
下调；与淀粉分解代谢相关的 3 个生化过程中"淀粉分解代谢过程"
（GO：0005983）富集的 3 个基因全部表现上调，而与合成代谢有关的
"淀粉生物合成过程"（GO：0019252）富集的 8 个基因中有 5 个表现下
调；与蔗糖分解代谢途径"蔗糖分解代谢过程"（GO：0005987）相关
的 1 个差异基因是上调的，而"蔗糖生物合成过程"（GO：0005986）相
关的 4 个基因主要表现下调。

　　GO 分析说明，水旱稻品种间的差异基因涉及的 GO 条目，多于同一
品种的不同处理间的 GO 条目。PEG 胁迫后旱稻 IRAT109 有更好激素信
号调节能力，且种子中的糖、淀粉分解能力要强于水稻，能够提供更多
的能量供种子萌发的需要。

　　4. 种子萌发差异基因的 KEGG 分析

　　（1）干旱环境水稻与旱稻差异基因的 KEGG 分析

　　KEGG 系统的分析基因组信息数据库和基因功能，有助于研究者把
基因和基因的表达信息作为一个整体网络进行分析研究。PEG 胁迫后，
旱稻 IRAT109 与水稻越富间的表达差异基因总共 346 个被分类到 94 个途
径中。表 1-3 展现了表达差异基因通过 KEGG 注释分析的前 10 个途径，
植物激素信号转导（ko04075）涉及 18 个表达差异基因，其中与生长素、
脱落酸、茉莉酸信号转换过程中 4 个酶相关的 9 个基因表达上调，与细
胞分裂素、脱落酸、乙烯信号转换过程中 5 个酶相关的 6 个基因表现下
调。其次是苯丙酸生物合成（ko00940）涉及 16 个差异表达基因，其中
6 个关键酶涉及的 8 个基因上调，与 β-葡萄糖苷酶（3.2.1.21）相关的
1 个基因下调，其他与两个酶相关的差异基因上、下调同时存在；淀粉
和蔗糖代谢（ko00500）涉及 15 个差异基因，其中与果胶酯酶
（3.1.1.11）、1、4-β-D-木聚糖酶（2.4.2.24）、果糖激酶（2.7.1.4）、
内切葡聚糖酶（3.2.1.4）、α-淀粉酶相关的 8 个基因上调。

表1-3 表达差异基因前10个途径注释

途径	Ko_ID	基因数	表达差异基因
T2 vs T1 激素信号转导	ko04075	18	Os01t0656200; Os03t0180800; Os03t0181100; Os03t0244600; Os06t0499500; Os06t0562200; Os07t0259100; Os07t0449700; Os07t0576500; Os07t0615200; Os09t0439200; Os09t0456200; Os10t0392400; Os10t0564500; Os11t0528700; Os12t0586100
苯丙酸生物合成	ko00940	16	Os01t0543100; Os02t0611800; Os02t0626100; Os02t0627100; Os02t0627401; Os02t0697400; Os02t0833900; Os04t0513100; Os05t0427400; Os07t0638300; Os08t0441500; Os09t0400300; Os05t0494000; Os06t0681600; Os10t0430200
淀粉蔗糖代谢	ko00500	15	Os01t0311800; Os01t0784400; Os01t0788451; Os02t0765400; Os03t0340500; Os04t0249500; Os04t0443300; Os04t0513100; Os05t0580000; Os06t0229800; Os07t0616800; Os08t0113100; Os10t0437600; Os12t0555600
DNA复制	ko03030	14	Os01t0544450; Os01t0863300; Os02t0511900; Os02t0829100; Os03t0214100; Os04t0588200; Os05t0160800; Os05t0235800; Os05t0476200; Os07t0406800; Os11t0484300; Os12t0560700
苯丙氨酸代谢	ko00360	12	Os01t0543100; Os02t0306401; Os02t0626100; Os02t0626100; Os02t0627100; Os02t0627401; Os02t0697400; Os02t0833900; Os05t0427400; Os05t0494000; Os06t0681600; Os07t0638300; Os07t0676900
嘌呤代谢	ko00230	12	Os01t0660300; Os01t0865100; Os01t0863300; Os02t0511900; Os04t0680400; Os05t0151700; Os05t0160800; Os06t0127900; Os06t0168600; Os06t0617800; Os07t0406800; Os12t0242900
内质网蛋白质加工	ko04141	11	Os01t0840100; Os02t0217900; Os03t0266900; Os03t0710500; Os03t0787300; Os03t0787350; Os04t0107900; Os05t0460000; Os06t0506850; Os07t0174601; Os07t0625600
氨基糖和核苷酸糖代谢	ko00520	11	Os01t0127900; Os01t0860500; Os02t0605900; Os05t0399300; Os05t0415700; Os05t0580000; Os08t0113100; Os08t0374800; Os09t0323000; Os12t0555600

（续表）

	途径	Ko_ID	基因数	表达差异基因
	嘧啶代谢	ko00240	10	Os01t0868300; Os02t0511900; Os03t0669100; Os05t0151700; Os06t0127900; Os06t0168600; Os07t0406800; Os12t0242900; Os12t0446900
	半胱氨酸与蛋氨酸代谢	ko00270	9	Os01t0580500; Os01t0772900; Os02t0105400; Os02t0306401; Os03t0747800; Os06t0149801; Os07t0182900; Os10t0104900
T2	激素信号转导	ko04075	10	Os02t0643800; Os03t0180800; Os03t0268750; Os04t0537100; Os06t0562200; Os07t0259100; Os09t0325700; Os10t0391400; Os10t0392400
VS	病原相互作用	ko04626	8	Os01t0949500; Os03t0180800; Os04t0492800; Os04t0618700; Os08t0144100; Os10t0391400; Os10t0392400; Os11t0140600
T3	半胱氨酸与蛋氨酸代谢	ko00270	7	Os01t0772900; Os03t0727600; Os03t0798300; Os05t0149450; Os06t0149801; Os07t0182900; Os12t0625102
	DNA复制	ko03030	6	Os02t0511900; Os02t0797425; Os04t0588200; Os05t0235800; Os05t0476200; Os11t0484300
	光合作用	ko00195	5	Os01t0501800; Os01t0773700; Os06t0101600; Os07t0544800; Os08t0104600
	光合作用天线蛋白	ko00196	4	Os07t0558400; Os07t0562750; Os09t0346500; Os11t0242850
	核糖体生物合成	ko03008	4	Os03t0333100; Os03t0343300; Os03t0824300; Os10t0456900
	不饱和脂肪酸合成	ko01040	4	Os02t0716550; Os03t0748100; Os07t0170000; Os07t0561500
	类胡萝卜素合成	ko00906	4	Os03t0645966; Os03t0154100; Os07t0154201; Os12t0617400
	淀粉蔗糖代谢	ko00500	4	Os03t0212800; Os03t0681700; Os08t0449001; Os08t0450100

（2）干旱与正常环境旱稻差异基因的 KEGG 分析

PEG 胁迫与正常水分条件旱稻 IRAT109 表达差异基因总共 123 个基因，被分配到 54 个途径中，其中有 48 个是与品种间差异基因富集的途径途径相同，说明不同品种间的差异更多。激素信号转导（ko04075）同样涉及较多的差异基因，10 个差异基因与生长素、脱落酸、乙烯、茉莉酸信号转换过程相关，全部表现上调；其次是植物病原相互作用（ko04626）涉及 8 个差异基因，全部表现上调；与 DNA 复制（ko03030）途经相关的 6 个差异基因全部表现下调，这可能与种子在受到 PEG 胁迫后芽长变短有关；在淀粉蔗糖代谢（ko00500）途径中仅有 3 个酶相关基因存在差异，只有果胶酯酶（3.1.1.11）相关的差异基因是上调的，其他两个酶 β - 葡萄糖苷酶（3.2.1.21）、聚半乳糖醛（2.4.1.43）相关的基因是下调的。

5. 新发现的 nTARs

使用 Cufflinks 软件对 reads 进行组装，并与原有基因组的基因比较，发掘出新基因 nTARs 2 448 个，并将新基因的结果格式化成一个新的文件作为对原有基因组注释的补充，同时提取新基因的序列用于后续实验验证。使用 BLAST 软件对提取的新基因序列与 NR、SwissProt、GO、COG、KEGG 数据库进行比对，获得新基因的注释信息。

PEG 胁迫后水稻越富萌发 1 天的种子中有 2 165 个表达 nTARs，特异表达有 114 个。PEG 胁迫后旱稻 IRAT109 萌发 1 天的种子中有 2 167 个表达 nTARs，特异表达有 26 个。正常情况下萌发 1 天的 IRAT109 种子中有 2 223 个表达 nTARs，特异表达有 33 个。PEG 胁迫后水稻越富与旱稻 IRAT109 间有 408 个显著表达差异 nTARs，其中 196 个表现旱稻 IRAT109 表达量高于水稻越富（上调），212 个基因表现旱稻 IRAT109 表达量低于水稻越富（下调），相对于水稻越富，旱稻 IRAT109 有 249 个是特异表达的。对于旱稻 IRAT109 来说，PEG 胁迫与非胁迫环境种子中共有 155 个 nTARs 存在显著表达差异，其中 113 个表现为 PEG 处理表达量上调，42 个表现 PEG 处理后表达量下调，相对于正常萌发情况的旱稻

IRAT109，PEG 胁迫后的 IRAT109 种子中有 110 个是特异表达。PEG 处理后的越富种子中有较多新的 nTARs，共 114 个，而 IRAT109 只有 26 个，这可能不同品种调节抗旱的途径不同，水稻越富诱导较多的新基因，而旱稻则是在原有抗旱基础上的增强。

所有 nTARs 进行 GO 注释分析，2 448 个 nTARs 被分配到 49 个 GO 二级功能节点，其中细胞组分 15 个，分子功能 12 个，生化途径 22 个。在细胞组分二级功能节点中"细胞组分"含有最多表达差异 nTARs（1 132 个），其次是"细胞""细胞器"分别含有 1 116、1 084 个表达差异基因；12 个分子功能二级功能节点中，"结合"是富集到较多差异基因的功能节点，727 个表达差异 nTARs，其次是"催化活性"富集到 540 个表达差异 nTARs。生化途径中"代谢过程""细胞过程"占主导作用，分别富集到 690、652 个表达差异 nTARs。

四、小结与讨论

种子的萌发是一个复杂的生理生化、物质代谢过程，多种植物激素参与。研究表明种子的萌发是内外因素相互作用的结果。外因是指适宜的光照、温度、水分和氧气等，内部因素是指种子自身是否具有足够的储备和是否具有利用这些储备在接受外部信号后启动各种生命活动的生物化学反应的能力。种子萌发时，内部的储藏物质由休眠状态转变为活跃状态，种子中的淀粉酶、蛋白酶等各种酶开始活化，激素含量增加，这些都是由基因控制的，而外部环境又可以影响基因的表达。如 GA 合成基因 *GA20ox1*、*GA20ox2*、*GA3ox1* 可促进 GA 的生物合成，从而促进种子萌发。基因调控在种子萌发的过程中起着至关重要的作用，因为所有的酶和激素都是依靠基因调节合成的，而种子萌发的过程又受到酶和激素的综合作用，所以，与种子萌发相关的基因表达量的多少直接关系其萌发的快慢及质量。胁迫条件下旱稻种子萌发能力明显优于水稻，从转录组分析数据看，除了与水分胁迫相关的基因高表达外，旱稻相对于水稻高表达特异基因也主要是跟激素 ABA、GA、淀粉蔗糖能量代谢及抗氧化还原酶相关。其中，127 个可能参与了 ABA 相关调控过程，33 个可能参与了 GA 刺激、代谢过程；49 个可能参与蔗糖代谢过程，38 个可能参与淀粉代谢过程；40 个可能具有分子功能是过氧化物酶活性；并且，上调倍数较大的 *Os04t0496300*、*Os06t0160100*、*Os04t0413500*、*Os07t0543300*、*Os04t0249500*、*Os10t0109300* 等基因都是参与细胞代谢、有机物质代谢、细胞增殖、淀粉蔗糖的代谢、氧化还原等过程。正是这些基因的高表达导致了旱稻种子的强萌发能力。

植物遭受干旱时，植物一方面通过某些生理生化机制减轻干旱对细胞和组织的伤害，以维持生存，另一方面植物会通过促进根系的生长，增强水分的吸收和减少水分的散失，维持植物组织中适宜的水分，以保障其正常的生理功能，这是一种主动的、积极的抗旱方式（邹琦，2000）。而植物需要完成一系列的复杂信号传递过程，才能完成这些对水分干旱胁迫的应答过程，这一过程需要众多信号蛋白、转录因子等的调节作用。旱稻在较之水稻较强的抗旱性，干旱情况旱稻种子的萌发能力优于水稻，尤其是发芽后根的生长强于水稻，转录组数据也证明表型结果。在 PEG 胁迫后旱稻有 717 个基因的上调倍数达 2.63～871.63，上调基因中有 75 个可能参与了 ABA 相关调控过程，有 28 个可能参与了 GA 刺激、代谢过程，59 个可能参与了直接的水分胁迫响应过程，6 个可能参与淀粉代谢过程，14 个可能参与蔗糖代谢过程，4 个可能具有分子功能是过氧化物酶活性。其中，上调倍数最大的 *Os02t0716550*、*Os07t0170000*、*Os08t0191100*、*Os04t0412350* 都是参与脂肪合成水解代谢和氧化还原有关的生化途径。尤其是胁迫处理在旱稻中基因上调表达，且表达量旱稻高于水稻的 160 个基因，这些基因最有可能是旱稻种子萌发过程特异应答水分胁迫的基因，这些基因的 GO 注释结果分析也证明包括：19 个可能的转录因子基因，10 个与糖基反应相关，3 个碳水化合物及 ABA、水杨酸、茉莉酸信号等。GO 分析说明，水旱稻品种间的差异基因涉及的 GO 条目，多于同一品种的不同处理间的 GO 条目。PEG 胁迫后旱稻有更好激素信号调节能力，且种子中的糖、淀粉分解能力要强于水稻，能够提供更多的能量供种子萌发的需要；抗氧化还原能力也较强，能更好的消除 PEG 渗透胁迫的影响，从而使种子更好更快地萌发，这可能是旱稻强抗旱萌发能力的原因。

第六节　旱稻特异转录因子 *OsbHLH120* 序列及功能分析

转录因子是调节蛋白的一种，也称为反式作用因子，可精细调控下游功能基因的表达，能够与真核基因启动子区域中顺式作用元件发生特异相互作用的 DNA 结合蛋白，通过它们之间以及其他相关蛋白之间的相互作用，激活或抑制基因转录，实现对各种逆境的应答。转录因子一般由 DNA 结合域、转录调控域、寡聚化位点和核定位信号四个功能区域组成。bHLH 家族结构域的基序包含了约 60 个氨基酸，由一个碱性氨基酸区（Basic region）和一个螺旋·环·螺旋（HLH region）区组成。水稻 bHLH 家族至少有 165 个成员，参与激素信号、光信号、根系发育、花发育及胁迫反应等。*OsbHLH148* 可以与 *OsJAZ* 蛋白互作参与茉莉酸信号途径，调节水稻耐旱性，高表达 *OsbHLH148* 能够增强水稻对干旱胁迫的耐性（Seo et al.，2011）；bHLH C 亚家族转录因子 *OsRHL1* 参与调节植物根毛的发育（Ding et al.，2009）；bHLH 转录因子 *RSL4* 受细胞发育和外界环境共同信号作用，调节根毛细胞伸长（Yi et al.，2010）。bHLH C 亚家族的 *bHLH089/ bHLH094* 与 *RSS3* 及 *JAZ* 可以形成三元复合体调节盐胁迫适应过程中根的细胞伸长（Toda et al.，2013）。bHLH 二聚体 LHW–T5L1 参与拟南芥根尖分生组织细胞的分裂与分化（Katayama et al.，2015）。bHLH129 负调控 ABA 反应，促进拟南芥根系伸长（Tian et al.，2015）。*OsbHLH120* 属于

bHLH 转录因子家族，苗期 PEG 胁迫处理会诱导 *OsbHLH120* 表达上调（张子佳等，2008；马廷臣等，2009），Li et al.（2015）发现 *OsbHLH120* 是控制旱稻根粗和根长 QTL *qRT9* 的候选基因。

一、水旱稻材料间 *OsbHLH120* 序列多态性分析

为分析 *OsbHLH120* 是否具有旱稻特有的 DNA 碱基序列多态性，选择了 24 个水旱稻材料进行序列比对分析，通过 BioEdit 对 13 个水稻、11 个旱稻材料的 *OsbHLH120* 的序列进行比对，从图 1-15 可知，在 24 个水旱稻材料中的 *OsbHLH120* 序列比对结果显示存在 3 种单倍型。

第一种单倍型包括粳型水稻（9 个）和部分旱稻（郑旱 6 号、郑旱 9 号），这一单倍型在序列比对时与日本晴相同。第二种单倍型只包括旱稻，*OsbHLH120* 的编码区序列变化（G–A、C–T、ACCGGCGC-CGCCGCC 缺失）在旱稻 IRAT109、巴西陆稻、毫格劳、丹东陆稻、台东陆稻、旱稻 277、旱稻 297、郑旱 2 号、秦爱 9 个旱稻中是特有存在的，在水稻日本晴、越富、镇稻 88、9311、新稻 18、郑稻 18、新丰 2 号、方欣 1 号、方欣 4 号、郑稻 4 号、桂朝 2 号、特青、公居 73 中不存在；由氨基酸编码分析可知 G–A 碱基突变和 ACCGGCGCCGCCGCC 的缺失引起了氨基酸序列的变化（图 1-16），C–T 突变属于同义突变，并没有引起氨基酸序列的变化。第三种单倍型只包括籼稻，即只有 9311、桂朝 2 号、特青、公居 73 4 个籼稻的 *OsbHLH120* 基因发生 G–A 突变（编码区）、A–T 突变（非编码区）及 ACGT 缺失（非编码区），而编码区中的 G–A 突变也属于同义突变，并未引起氨基酸序列的变化，这些碱基突变可能与籼、粳稻的进化有关。3' 端非编码区的 ACGT 缺失在籼稻和旱稻都存在，可能与籼稻或旱稻品种其他特性有关。因此在旱稻 IRAT109 中 *OsbHLH120* 编码区的 G–A 碱基突变和 AC-CGGCGCCGCCGCC 缺失是旱稻特有的功能序列多态性，在旱稻中有一定的保守性，可能与栽培稻的抗旱性有关。

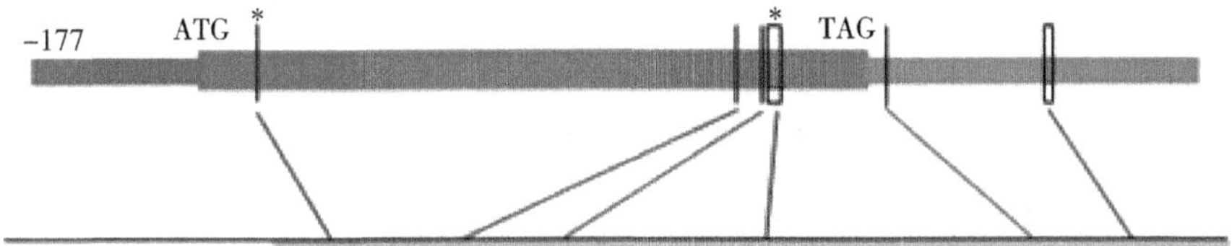

水稻	日本晴	G	G	C	ACCGGCGCCGCCGCC	A	ACGT
	越富	G	G	C	ACCGGCGCCGCCGCC	A	ACGT
	新稻18	G	G	C	ACCGGCGCCGCCGCC	A	ACGT
	郑稻18	G	G	C	ACCGGCGCCGCCGCC	A	ACGT
	新丰2号	G	G	C	ACCGGCGCCGCCGCC	A	ACGT
	方欣1号	G	G	C	ACCGGCGCCGCCGCC	A	ACGT
	方欣4号	G	G	C	ACCGGCGCCGCCGCC	A	ACGT
	镇稻88	G	G	C	ACCGGCGCCGCCGCC	A	ACGT
	郑稻4号	G	G	C	ACCGGCGCCGCCGCC	A	ACGT
	9311	G	A	C	ACCGGCGCCGCCGCC	T	—
	桂朝2号	G	A	C	ACCGGCGCCGCCGCC	T	—
	特青	G	A	C	ACCGGCGCCGCCGCC	T	—
	公居73	G	A	C	ACCGGCGCCGCCGCC	T	—
旱稻	IRAT109	A	G	T	—	A	—
	巴西陆稻	A	G	T	—	A	—
	毫格劳	A	G	T	—	A	—
	丹东陆稻	A	G	T	—	A	—
	台东陆稻	A	G	T	—	A	—
	旱稻277	A	G	T	—	A	—
	旱稻297	A	G	T	—	A	—
	郑旱2号	A	G	T	—	A	—
	秦爱	A	G	T	—	A	—
	郑旱6号	G	G	C	ACCGGCGCCGCCGCC	A	ACGT
	郑旱9号	G	G	C	ACCGGCGCCGCCGCC	A	ACGT

图 1-15　*OsbHLH120* 在水旱稻材料间的 DNA 序列差异

注：＊表示该碱基变化引起氨基酸序列的改变，□ 表示碱基插入或缺失，— 表示缺失。

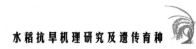

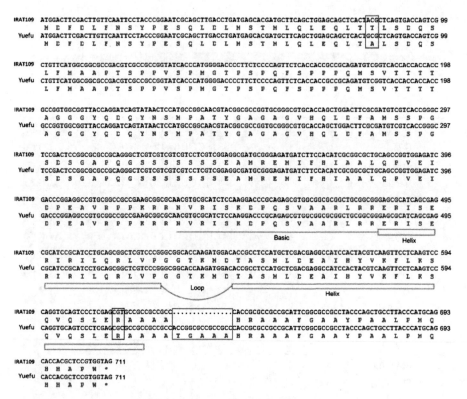

图1-16　*OsbHLH120* 的序列在越富与 IRAT109 间的差异

二、*OsbHLH120* 序列多态性与根系性状的关系

为了解 *OsbHLH120* 与水旱稻根系结构的相关性，调查了 24 个水旱稻的根基粗、根长和根数，分析含有 G-A 碱基突变和 ACCGGCGCCGCCGCC缺失（旱稻）与不含该碱基变化（水稻）的两种多态性品种间的根系性状差异（图1-17）。水、旱稻间的根系性状与 *OsbHLH120* 序列多态性达显著或极显著水平；相比水稻而言，旱稻具有较好的吸收深层土壤中水分的根系结构，旱稻具有较长的根系，为 13.1～28.4 cm，平均20.7 cm，其中含有 G-A 碱基突变和 ACCGGCGCCGCCGCC

缺失的旱稻平均根长为 22.2 cm，与水稻根长（14.6 cm）相比达到极显著水平。含有 G-A 碱基突变和 ACCGGCGCCGCCGCC 缺失的旱稻的根基粗为 0.83~1.06 mm，平均为 0.92 mm，极显著高于水稻根基粗（0.66~0.86 mm，平均 0.75 mm）。而从根数来看，水稻根数要显著多于旱稻，且与 *OsbHLH120* 序列多态性达显著相关，而郑旱 6 号、郑旱 9 号虽然也是旱稻，但是其根长（16.2 cm、13.1 cm）与水稻根长（11.8~17.4 cm，平均 14.6 cm）相接近，根数要多于旱稻，而根基粗基本介于水、旱稻之间，说明不同旱稻关于根系抗旱的机制有所不同。*OsbHLH120* 的 DNA 序列多态性与水旱稻的根基粗和根长成极显著相关，推测 *OsbHLH120* 可能与水旱稻的根系结构发育有关，*OsbHLH120* 可能是与抗旱相关的候选基因，参与旱稻根系结构的建成。

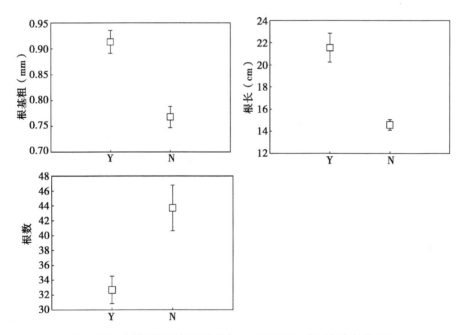

图 1-17　水旱稻材料根系性状与 *OsbHLH120* 序列多态性的关系

注：Y，含有 G-A 碱基突变和缺失；N，不含有 G-A 碱基突变和缺失。

三、*OsbHLH120* 对非生物胁迫的响应

1. *OsbHLH120* 对 PEG 处理的响应

采用 15% PEG 处理 5 叶期幼苗，分析胁迫后水旱稻中 *OsbHLH120* 的应答反应（图 1-18），*OsbHLH120* 在胁迫处理前表达量均较低，在 PEG 胁迫后 3 h，水稻越富根中 *OsbHLH120* 的表达量仅略微升高，在胁迫整个过程中根中 *OsbHLH120* 的表达量没有明显变化；而旱稻 IRAT109 根中的 *OsbHLH120* 在干旱胁迫初期被诱导显著表达，而随着胁迫时间的延长，在胁迫后 6 h，旱稻 IRAT109 根中 *OsbHLH120* 的表达量又显著降低，略高于胁迫前表达量，在之后的 12~72h 内，*OsbHLH120* 的表达量无明显的趋势变化，旱稻根系中 *OsbHLH120* 在胁迫前期产生诱导表达引起相关逆境功能基因的表达，使旱稻适应胁迫环境。两品种在胁迫 3 h 时根、叶中的相对表达量可知，*OsbHLH120* 并非在根中特异表达。水旱稻中不同部位的 *OsbHLH120* 表达情况相反，旱稻 IRAT109 根中 *OsbHLH120* 的表达量要高于叶片中的表达量，而水稻越富中则是叶片中的表达量较高，而水稻叶片中的 *OsbHLH120* 的表达量要显著高于旱稻。由于根系是最先感知水分胁迫的，说明旱稻根系中的 *OsbHLH120* 对干旱更为敏感。

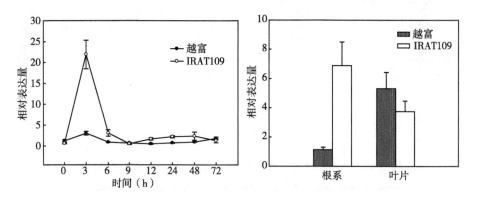

图 1-18　PEG 胁迫后水旱稻间 *OsbHLH120* 的相对表达量

2. *OsbHLH120* 对 ABA 处理的响应

对 5 叶期幼苗进行 ABA 叶片喷施，分析水旱稻中 *OsbHLH120* 对外源 ABA 的应答反应（图 1-19）。水旱稻根系 *OsbHLH120* 均受对外源 ABA 的诱导；叶片喷施 ABA 后旱稻 IRAT109 根系中 *OsbHLH120* 的表达量在 6~9 h 升高，而之后表达量又随之下降；水稻越富根系中 *OsbHLH120* 的相对表达量则在初期有下降趋势，在喷施 ABA 9 h 时极显著升高，之后 12~24 h 时下降。虽然水旱稻中 *OsbHLH120* 的表达都依赖于 ABA 信号途径，但相对旱稻，水稻越富根中 *OsbHLH120* 对 ABA 胁迫响应更为明显。叶片喷施 ABA 9 h 时水旱稻中根叶中的 *OsbHLH120* 表达量情况存在一定的差异，水稻越富根、叶中的 *OsbHLH120* 表达量相近，而根中表达量高于 IRAT109，叶中的却显著低于 IRAT109，而且旱稻 IRAT109 根中的 *OsbHLH120* 表达量显著低于叶片中的。

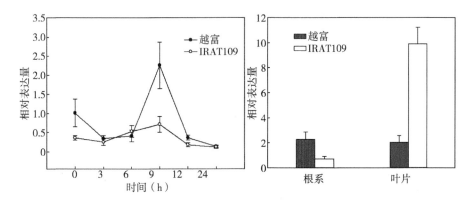

图 1-19 ABA 胁迫后水旱稻间 *OsbHLH120* 的相对表达量

3. *OsbHLH120* 对盐处理的响应

对 5 叶期幼苗进行高盐处理，从两品种根中 *OsbHLH120* 的相对表达量来看（图 1-20），水旱稻对盐胁迫都较为敏感，两品种根中的 *OsbHLH120* 的表达趋势基本一致，在盐胁迫 3 h 时两品种根中的表达量即显著升高，在 6h 时表达量达到最高，分别为 383.10 和 140.40，之后表达量又逐渐下降。旱稻 IRAT109 根中的 *OsbHLH120* 表达量在胁迫后始终高于越富，达到显著水平，旱稻 IRAT109 的表达量虽在 9~24 h 内的表达量逐渐下降，但在 24 h 时表达量仍然较高，而水稻越富在 24 h 时 *OsbHLH120* 的表达量降至接近胁迫前。由于过量盐分会对植物造成渗透胁迫及细胞离子的失衡，高盐条件下旱稻的 *OsbHLH120* 参与了渗透调节及离子平衡调节。

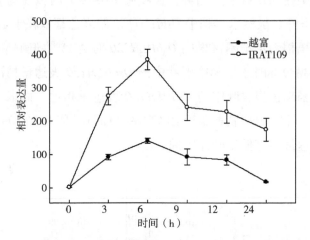

图 1-20 高盐胁迫后根系 *OsbHLH120* 的相对表达量

分析 *OsbHLH120* 对 PEG、ABA、高盐胁迫的响应可知，*OsbHLH120* 不仅与旱稻根系发育存在相关性，而且是一个能被不同逆境胁迫诱导的调控因子。*OsbHLH120* 并不在根中特异表达，说明该转录因子基因还参与了叶中抗逆相关的生理调节。盐胁迫后旱稻根中 *OsbHLH120* 的诱导表达量明显大幅度升高，说明旱稻在响应渗透胁迫时，*OsbHLH120* 主要是参与了根中响应胁迫的分子调节过程，调节 PEG、高盐引起的细胞渗透失衡和离子失衡。

四、*OsbHLH120* 蛋白结构预测及进化分析

1. *OsbHLH120* 蛋白结构预测

bHLH 类转录因子家族蛋白结构域的基序包含约 60 个氨基酸，由一个碱性氨基酸区（basic region）和一个螺旋·环·螺旋（HLH region）区组成；碱性区约含 15 个氨基酸，其中含有较多的碱性氨基酸，这个区域的活性主要和转录因子与 DNA 特定序列结合有关，螺旋·环·螺旋区的主要作用是与其他蛋白结合形成二聚体，协同行使功能，调控下游功能基因的表达。*OsbHLH120* 属于 bHLH A 亚家族，没有 E-box 结合区，所编码的蛋白含有 236 个氨基酸，分子量为 25 347.6 KD，等电点为 6.29。其中大多数氨基酸的疏水指数比较低，且亲水性氨基酸多于疏水性氨基酸，可能该蛋白为亲水性蛋白。该 *OsbHLH120* 编码氨基酸中不含半胱氨酸，因此没有二硫键的形成位点；经 PredictProtein 预测该转录因子二级结构中仅含有 α 螺旋结构和无规则卷曲，没有二硫键形成和 β 折叠结构，且不存在明显的跨膜区域（图 1-21），说明该蛋白并不是膜蛋白。ERISERIRILQRLVPG 和 MDTASMLDEAIHYVKFLKSQVQSLERAA 为 *OsbHLH120* 蛋白的两个主要的 α 螺旋结构，GTK 构成中间的 loop 结构，虽然旱稻中的碱基缺失造成的 TGAAA 缺失并未改变其后的氨基酸序列，但是经 PredictProtein 预测，该蛋白质的蛋白间结合位点发生了改

```
IRAT109  MDFDLFNSYPESÇLDLMSTMLÇLEÇLTTLSDÇSLFMAAPTSPPVSPMGTPSPÇFSPPPQ
越富      MDFDLFNSYPESÇLDLMSTMLÇLEÇLTALSDÇSLFMAAPTSPPVSPMGTPSPÇFSPPPQ

IRAT109  MSVTTTTAGGGYÇDÇYNSMPATYGAGAGVHÇLDFAMSSPGSDSGAPÇGSSSSSSSEAMR
越富      MSVTTTTAGGGYÇDÇYNSMPATYGAGAGVHÇLDFAMSSPGSDSGAPÇGSSSSSSSEAMR

IRAT109  EMIFHIAALÇPVEIDPEAVRPPKRRNVRISKDPÇSVAARLRFERISERIRILÇRLVPÇG
越富      EMIFHIAALÇPVEIDPEAVRPPKRRNVRISKDPÇSVAARLRFERISERIRILÇRLVPÇG

IRAT109  TKMDTASMLDEAIHYVKFLKSÇVÇSLERAAAA.....HRAAAFGAAYPAALPMÇHHAP
越富      TKMDTASMLDEAIHYVKFLKSÇVÇSLERAAATGAAAHRAAAFGAAYPAALPMÇHHAP
```

图 1-21　*OsbHLH120* 编码蛋白的序列结构

（＿ 表示 basic 区域；□表示 helix 区域）

变（图1-22）。由以上预测分析可知 *OsbHLH120* 是在细胞质中起作用的蛋白，氨基酸的改变虽然并未改变主要的二级结构，但其与其他蛋白的作用位点可能发生了改变。

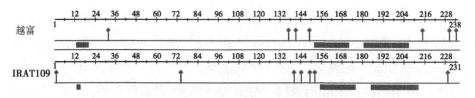

图1-22　*OsbHLH120* 蛋白结构的预测

（■表示 α 螺旋结构的位置，◆表示蛋白与蛋白结合位点）

2. *OsbHLH120* 基因进化树分析

以 *OsbHLH120* 编码的氨基酸序列为参考，从 NCBI 上通过 BlasP 进行同源序列搜索，找到 19 个物种的 33 个同源序列，其中包括 11 个双子叶植物的 17 个同源序列和 8 个单子叶植物的 16 个同源序列，通过 MEGA 6.0 软件中 Maximum Parsimony（MP）算法构建系统发生树，*OsbHLH120* 的同源序列在进化上主要分为单子叶植物和双子叶植物两类：在单子叶植物分类中粟、玉米、水稻的不同同源基因处于进化的不同分支上，水稻、粟、玉米的 5 个同源基因及高粱、短柄草、山羊草、大麦的 4 个同源基因在进化的同一分支上，其中包含 *OsbHLH20*（*LOC_Os09g28210*），其中 *OsJ29617* 是与其相似性最高的旁系同源基因，说明这 9 个基因有相同祖先基因，可能具有相似的功能；而粟、玉米、水稻、短柄草、野生稻的 6 个同源基因处于另一分支上，这些基因可能属于 bHLH 的不同亚家族。

五、小结与讨论

旱稻相比于水稻具有较发达的根系结构，能够在遇到干旱胁迫时吸收较深层的水分以使植株保持正常地生长，而且旱稻在遭遇干旱环境时可溶性糖和游离氨基酸等渗透调节物质含量也呈上升趋势。bHLH 家族在植物生长、抗逆方面也有重要作用，*OsRHL1*、*RSL4*、*LHL3* 参与根系细胞的伸长、根毛发育、木质部发育等过程。转录因子 *OsbHLH120* 位于旱稻 IRAT109 第 9 染色体上，不仅与旱稻根系发育存在相关性，*OsbHLH120* 也能被不同逆境胁迫诱导表达。IRAT109 根中的 *OsbHLH120* 表达量在胁迫后始终显著高于越富，IRAT109 中 *OsbHLH120* 对盐、PEG 和 ABA 处理的响应更为强烈，暗示旱稻中特有的 *OsbHLH120* 等位基因不仅与根长、根粗发育有关，而且可能参与渗透物质生理调节。与水稻序列相比，在位于 *OsbHLH120* 转录起始密码子下游第 628～642bp，旱稻 IRAT109 缺失了 15 个碱基，含有 *OsbHLH120* 缺失序列可能是为大多数典型旱稻所特有的，与栽培稻的抗旱性有直接的关系。以此 DNA 序列特征设计功能性标记，有助于水、旱稻资源抗旱性鉴定及抗旱分子标记辅助选择育种。

参考文献

高凤华，张洪亮，王海光，等. 2009. 应用 cDNA-AFLP 比较干旱胁迫条件下水稻和旱稻转录本表达谱 [J]. 科学通报，54（16）：2 305-2 319.

李自超，刘文欣，赵笃乐. 2001. PEG 胁迫下水、陆稻幼苗生长势比较研究 [J]. 中国农业大学学报，6（3）：16-20.

凌祖铭，李自超. 2002. 水旱栽培条件下水、陆稻品种产量和生理性状比较 [J]. 中国农业大学学报，7（3）：13-18.

万建民. 2006. 作物分子设计育种 [J]. 作物学报，32（3）：455-462.

许大全. 2006. 光合作用测定及研究中一些值得注意的问题 [J]. 植物生理学通讯，42（6）：1 163-1 167.

Cousins A B, Adam N R, Wall G W, et al. 2001. Reduced photorespiration and increased energy-use efficiency in young CO_2-enriched sorghum leaves [J]. New Phytologist, 150 (2): 275-284.

Duan H G, Yuan S, Liu W J, et al. 2006. Effects of exogenous spermidine on photosystem II of wheat seedlings under water stress [J]. Journal of Integrative Plant Biology, 48 (8): 920-927.

Guo D L, Liang J H, Li L. 2009. Abscisic acid (ABA) inhibition of lateral root formation involves endogenous ABA biosynthesis in *Arachis hypogaea* L. [J]. Plant Growth Regulation, 58 (2): 173-179.

Kawasaki S, Borchert C, Deyholos M, et al. 2001. Gene expression profiles during the initial phase of salt stress in rice [J]. The Plant Cell, 13 (4): 889-905.

Xiong L M, Schumaker K S, Zhu J K. 2002. Cell signaling during cold, drought, and salt stress [J]. The Plant Cell, 14 (1): S165-S183.

Xiong L M, Zhu J K. 2003. Regulation of abscisic acid biosynthesis [J], Plant Physiology, 133 (1): 29-36.

Ye N H, Zhu G H, Liu Y G, et al. 2011. ABA controls H_2O_2 accumulation through the induction of *OsCATB* in rice leaves under water stress [J]. Plant and Cell Physiology, 52 (4): 689-698.

Yuan S, Liu W J, Zhang N H, et al. 2005. Effects of water stress on major photosystem II gene expression and protein metabolism in barley leaves [J]. Physiologia Plantarum, 125 (4): 464-473.

Zhang A, Jiang M Y, Zhang J H, et al. 2007. Nitric oxide induced by hydrogen peroxide mediates abscisic acid-induced activation of the mitogen-activated protein kinase cascade involved in antioxidant defense in maize leaves [J]. New Phytologist, 175 (1): 36-50.

第二章　水稻抗旱机理

　　水稻是世界上最主要的粮食作物之一，为 30 多亿人口提供了近 60% 的能量。中国是世界上最大的水稻生产国和稻米消费国，持续提高水稻产量对保障我国乃至世界的粮食安全具有极其重要的作用。我国每年用水总量达 5 000 亿 m³，农业用水占到 80%，水稻是需水较多的作物，其生产用水量约占农业用水的 70%。水资源短缺是影响水稻产量的主要环境因素，严重地制约了水稻生产乃至整个农业生产的可持续发展。植物的抗旱性是植物对水分缺乏环境的耐受能力，是植物在供水量很低的情况下，植株可以生存的能力（Levitt et al., 1980）。根据植物适应干旱的机理可分为三类：逃旱性（Drought escape）、避旱性（Drought avoidance）和耐旱性（Drought tolerance），避旱性和耐旱性统称为抗旱性。逃旱性是植物在土壤水分亏缺之前完成其生活史的能力，即植物细胞感觉到水分逐渐减少时，加快生育进程，水分供应亏缺之前开花结实。避旱性指植物通过增强水分的吸收和减少水分的散失，维持植物组织中适宜的含水量，以保障其正常的生理功能，这是一种主动、积极的抗旱方式，主要通过建立发达的根系、增加气孔和角质层阻力、减少辐射吸收和叶面积来减少水分丢失和维持水分吸收。耐旱性是组织中含水量已经降低到生理水平以下时，植物通过某些生理生化机制减轻干旱对细胞和组织的伤害，维持一定膨压的特性，以维持生存，这是一种被动的抗旱方式。植物的渗透调节能力、细胞的抗氧化能力和组织器官的耐脱水能力是重要的耐旱机制。此外，作物在经过一段时期干旱后的恢复能力也被很多研究者认为是植物抗旱的一种机制。目前，水稻抗旱相关的形态、生理及分子机理已经取得大量的成绩，这些结果有助于抗旱节水稻新品种的培育及水资源的高效利用。

第一节　水稻形态性状与抗旱性

一、地上部性状

水稻遭遇水分胁迫时，其叶片自身会通过调节气孔开闭，降低气孔开度来减少体内水分散失，维持叶片较高的光合作用以生产能量，供应植株生长所需。气孔的调节机能主要表现在当蒸腾速度过快，光合作用减弱时，气孔导度减小，引起气孔部分关闭，减少水分蒸腾，此时植株其他部位并未发生水分亏缺，从而防止整片叶和植株器官出现水分亏缺，降低了水分亏缺可能对水稻植株产生的伤害。通过关闭气孔，减少植株叶片蒸腾，维持植株主要器官内正常代谢所需水分，是提高水稻水分利用率最重要的途径。另外，叶片气孔的数量、开张度和气孔阻力都与抗旱性有关。抗旱性强的品种气孔密度和正、背面单位叶面积气孔总长度均大于弱抗类型，在相同程度水分胁迫下，抗旱性强的品种气孔特性下降幅度小于弱抗旱性品种。因此，抗旱性强的品种在受到干旱胁迫时，仍能够较好地维持气孔开放。干旱胁迫环境，水稻剑叶叶面积下降、气孔总数增加、叶比重下降，剑叶光合效率、气孔导度及叶绿素含量下降，抗旱性强的品种以上性状的变化幅度小。剑叶作为功能叶在水稻灌浆期起着十分重要的作用，剑叶在干旱胁迫下的性状特征是预测水稻最终产量的重要指标。另外，卷叶性状能预测水稻叶片在干旱条件水势的高低，卷叶、枯叶和复水恢复这3

个性状能很好地反映水稻的苗期抗旱能力。叶片气孔开度、气孔在叶片的分布密度与气孔导度有密切关系，相对于抗旱性较弱的水稻品种，抗旱性较强的品种具有较低的气孔密度，干旱条件较小的气孔开度和气孔导度；不仅如此，抗旱性较强的品种具有较高的叶肉导度，尤其是较高的叶肉导度与气孔导度的比值，通过遗传改良提高叶肉导度与气孔导度的比值，有望培育出抗旱性较强且水分利用效率较高的水稻品种。

二、根系性状

根系是植物获得养分和水分的主要器官，根系对养分和水分的获得能力直接影响作物的产量。水稻的根系通常由一条种子根、许多不定根和侧根组成。侧根主要负责水分、养分的吸收，而种子根和不定根负责侧根在土壤中的分布，并将吸收和合成的物质输送到地上部。但在根系发生初期，主要是种子根和不定根担负着水分、养分的吸收及秧苗的形态建成，侧根在后期的作用较大。根系特征包括根长、根深、根粗、根分布密度、根重、根茎比、根系穿透力、拔根拉力、根的渗透调节等。根长度和根系穿透力决定了作物吸收水分和营养的最大土层深度，而根粗细、根数量和根密度决定了作物根系在土壤中的分布范围和密度及根系吸收水分的能力。强壮发达的根系有利于水稻在水分胁迫时更多更高效地吸收耕层土壤和较深层土壤中的水分。抗旱性强的水稻品种具有发达的根系，纵深发达的根系可使水稻充分吸收利用贮存在土壤中的水分，以缓解干旱胁迫对植株的伤害。研究表明，根长、根粗、根系穿透力、总根重等性状与抗旱性关系密切（Ekanayake et al.，1985）。通过对水、旱稻根系的研究表明（Price et al.，1997；凌祖铭等，2002；穆平等，2003），根重、根粗和根长是旱稻品种的特点，这些性状均以显性为主，遗传力高，并提出用根基粗和最长根长作为评价抗旱性的指标。水稻品种根数较多但较细，旱稻则根数少，但根较粗、长。根系对土壤表层 60 cm 以下水分吸收很有限，建立发达的根系有利于水稻抗旱（Fukai et al.，1988）；抗旱型稻根系深，根系中柱部分及导管面积均大，水分输导组织发达，抗旱性也强于水稻，30 cm 以下的深根水稻能更好地利用深层土壤中的水分。根粗与根中粗、根冠粗极显著正相关，这些与水稻的抗旱性有一定的关系，且与抗旱系数显著正相关（孙传清等，1995；凌祖铭等，2002）。干旱条件下，发达的根皮层通气组织可以减弱作物代谢消耗，增强根的生长来获取更多的水分（Zhu et al.，2010）。水稻根系大多分布于表层土壤中，干旱胁迫下不利于植株对深层土壤水分的吸收（Fukai et al.，1994）；Ingram et al.（1994）发现根长、根粗、根系穿透力等性状与抗旱性关系密切，深根、粗根水稻品种抗旱性强。而旱稻品种一般具有较发达的根系，抗旱品种具有较长的根，较大的根干重及更多的根木质部导管。较高的根系渗透调节有利于土壤水分吸收，而且增加根系的生存能力和复原抗性的能力，高抗旱品种的根系可溶性糖含量要显著高于抗旱性中等和抗旱性弱的品种，高可溶性糖含量可使根系细胞具有高渗透浓度，从而增强细胞的吸水保水能力。水稻根系伤流量也作为鉴定水稻抗旱性强弱的重要指标，强抗旱性水稻品种其根系伤流量明显强于其他品种。

第二节　水稻抗旱的生理机制

一、渗透调节

渗透调节是水稻适应缺水环境非常重要的生理过程。水分胁迫条件下，水稻通过自身细胞分泌渗透调节物质，增加细胞液浓度，达到降低水势维持细胞内外压力差，提高细胞吸水和保水能力，阻止细胞脱水，维持细胞正常的生理代谢活动，从而减轻干旱胁迫造成的伤害，适应缺水环境。水稻具有约 0.4 MPa 的渗透调节能力，渗透调节能力增强的关键是细胞内渗透调节物质的主动积累，如脱落酸、甜菜碱、脯氨酸等。品种抗旱性的强弱，渗透调节物质的主动积累量不同，渗透调节能力也有差异。脯氨酸在干旱胁迫植物体内大量积累，缺水时游离脯氨酸含量与抗旱性呈正相关关系。脯氨酸吸湿性强，能增加植物体内束缚水含量，调节渗透压。杨建昌等（2004）发现在水分胁迫处理下，抗旱性强的水稻品种叶片中游离脯氨酸累积早而快，持续时间长；而抗旱性较差的品种则积累的慢，持续时间短，证明叶片中游离脯氨酸相对含量的高低与品种抗旱性有一定关系。可溶性糖和游离氨基酸是渗透调节的重要有机溶质，王贺正等（2007）研究表明，抗旱性强的水稻品种，其剑叶中可溶性糖和氨基酸含量增加快、幅度大，保持了较好的水分平衡。但是，抗旱性较强的杂草稻的根系脯氨酸含量在干旱胁迫下上升不明显，暗示脯氨酸可能受可溶性糖等渗透调节物质的影响，在选择抗旱水稻品种的鉴定指标时，还应结合其他指标综合考虑以确保准确性。

二、抗氧化防御系统

正常生长状态下，植物体内的活性氧的生成和清除处于一个动态平衡的过程。干旱环境条件下，植物体内的活性氧产生与清除的动态平衡就会被打破，并引起细胞内积累大量 $O^{-2} \cdot$、H_2O_2、$\cdot OH$ 等活性氧有害物质，高浓度的活性氧含量会破坏植物细胞的结构。植物处于胁迫环境条件下，其本身也能够形成活性氧的酶促清除系统与非酶促清除系统，抵抗干旱胁迫下产生的氧化伤害。抗氧化系统是由 SOD、POD、CAT 的酶促反应系统和抗坏血酸、维生素 E 等非酶促性的抗氧化剂组成。SOD 是植物生物体内普遍存在的一种保护酶，在保护酶系中处于非常主要地位。相关研究表明，干旱胁迫条件下水稻体内 SOD 活性与抗氧化胁迫能力呈正相关关系，能与 CAT 和 POD 协同起作用，共同抵抗干旱胁迫诱导的氧化伤害，使膜脂不因发生氧化而被破坏。水稻于开花期遭遇干旱，其游离氨基酸含量、SOD 活性和 MDA 含量相对值可作为该阶段的抗旱鉴定指标（王贺正等，2007）。干旱诱导的膜损伤是由膜脂过氧化造成的，植物抗氧化能力的强弱，尤其 SOD 活性的高低是抗旱性的重要指标（Matowe et al.，1981）。旱稻或抗旱性强的水稻之所以能够在干旱或半干旱地区生长，主要在于旱稻或抗旱性强的水稻本身具有相应的适应和抵抗能力，它们具有完善的抗氧化防御系统。王贺正等研究了不同抗旱性水稻品种在开花期受干旱胁迫引起的生理生化变化，发现干旱胁迫诱导 SOD、POD、CAT 保护性酶活性提高，并认为保护性酶活性的相对值可作为水稻开花期抗旱性鉴定指标，在较高渗透胁迫下仍保持较高保护性酶活性的水稻品种抗旱性较强。

三、激素调控

植物内源激素调节植物体在逆境条件下的生命活动以适应环境变化。干旱胁迫环境，脱落酸、生长素、赤霉素、细胞分裂素等产生变化，共同调控植物抗逆机制。脱落酸被认为是其中最为重要的一种胁迫激素，从根部经木质部导管输送至地上部，促进气孔关闭。干旱胁迫环境，抽穗期水稻叶片中生长素、赤霉素含量出现明显下降，脱落酸含量则大幅增加，脱落酸含量的增加会抑制气孔开度，致使气孔关闭，从而维持植物组织中的水分，保证植物器官组织能在较好的水分条件下进行正常的生理代谢活动。脱落酸含量的增加还会诱导脯氨酸积累，同时抑制水稻器官的生长发育，其作为抗旱性激发机制一方面抑制了与活跃生长有关的基因，另一方面活化了诱导抗旱基因的表达。水稻孕穗期干旱胁迫，外源喷施脱落酸诱导干旱胁迫环境水稻气孔关闭、降低蒸腾速率，减少水分过度消耗，减轻干旱对水稻生理代谢功能的损失，促进复水后的功能修复。ABA 和乙烯是应答逆境的两类激素，在干旱等逆境条件下，植物体内 ABA 和乙烯大量产生并调节叶片气孔开闭、开花结实和衰老等生长发育过程。在减数分裂期土壤干旱条件下不同抗旱性品种幼穗中激素和颖花结实，发现土壤干旱处理显著增加了颖花不孕率，抗旱性品种低于干旱敏感性品种；干旱处理显著增加了颖花中 ABA、乙烯和 1-氨基环丙烷-1-羧酸（ACC）浓度，抗旱性品种具有较高的 ABA 与乙烯的比值；对干旱处理的稻穗施用乙烯合成抑制剂和 ABA，颖花的不孕率显著降低。水稻在减数分裂期遭受水分胁迫，内源 ABA 和乙烯的相互颉颃作用调控颖花的育性，较高的 ABA 与乙烯的比值是水稻适应干旱逆境的一个生理机制。对水稻品种进行干旱复水处理，发现较高的生长促进类激素（IAA、GA$_3$、ZR）与生长抑制类激素（ABA）比值在水稻抗旱过程中起促进作用。

多胺是普遍存在于植物体内具有生物活性的物质，可以调节植物生长、发育、形态建成，与作物的抗逆性有密切关系。在植物体内，多胺主要包括腐胺（Put）、亚精胺（Spd）和精胺（Spm）。当遇到干旱等逆境时，植物细胞内多胺含量增加，其增加的量与品种的抗旱性有着密切关系。水分胁迫促进水稻幼苗叶片和根系中 Put、Spd 和 Spm 含量的上升，且抗旱性强的品种上升幅度大于抗旱性弱的品种。土壤干旱条件，抗旱品种多胺累积早、累积量高、持续时间长、Spd/Put 和 Spm/Put 值高。多胺含量上升有利于提高水稻抗渗透能力，稳定质膜和提高细胞内保护酶活性，从而增强水稻抗旱性。

水分胁迫条件，水稻总蛋白合成能力下降，蛋白质合成类型也发生了明显改变，如 LEA 蛋白在水分胁迫环境能够代替水分子，LEA 蛋白质的多羟基能维持细胞液处于溶解状态，避免细胞因失水出现细胞结构的破损，稳定细胞结构，从而降低干旱造成的伤害。植物体内一种名为 PP2C 的蛋白质通过中介蛋白会阻止脱落酸的积累并使其不发挥作用，当植物处于极度干旱条件下时，PP2C 蛋白质就会消除该阻断作用，植物细胞中脱落酸的含量开始上升，从而帮助植物抗旱。

四、光合作用

光合作用是影响作物产量形成的重要生理过程。光合作用不仅与作物自身叶片因素密切相关，还与空气和土壤的含水量有关。光合作用对缺水十分敏感，干旱胁迫环境光合速率下降，当叶水势下降到一定程度时，光合作用受到抑制甚至完全停止。抗旱性水稻发生干旱胁迫时，叶片会出现脱水卷曲、气孔开始关闭、CO_2吸收量减小、光合作用相关酶活性减弱、叶绿体破坏和叶绿素含量下降等活动，最终导致光合作用减弱，净光合速率下降。轻度水分胁迫环境，主要是气孔限制，CO_2吸收减少导致光合作用下降；重度干旱胁迫环境，主要是非气孔限制导致光合作用减弱，主要表现在叶肉细胞或叶绿体等光合器官的光化学活性下降。相同条件下，抗旱性强的水稻品种随干旱胁迫程度增加，光合速率下降较为缓慢，能保持较高水平的光合性能，保证了植株干物质累积量，且分配在籽粒中干物质比例亦会较高，为最终的高产打下基础。另外，水稻不同部位的叶片光合性能对干旱胁迫的反应不同，上部叶片光合性能受干旱胁迫影响较小。与抗旱性较弱的水稻品种相比，抗旱性较强的水稻品种在干旱条件下具有较高的核酮糖-1,5-二磷酸羧化酶/加氧酶（Rubisco）和碳酸酐酶活性，以及较高的最大光化学效率、电子传递速率、光系统Ⅱ光量子产量和光化学猝灭系数，暗示较强的光合作用相关酶活性、较高的光能转化和利用效率及电子传递效率是抗旱性形成的重要生理机制。无水层灌溉条件下，节水抗旱稻品种叶片光合速率显著高于常规水稻高产品种，两类品种光合作用相关的蛋白质表达存在差异，抗旱稻品种的光合系统Ⅱ叶绿体23 kD多肽、铁氧化还原蛋白-NADP（H）氧化还原酶、转酮醇酶Ⅰ、放氧复合体增强蛋白Ⅰ、放氧复合体蛋白Ⅰ和Rubisco的表达量显著高于常规品种，这些蛋白质表达量高，有利于光合作用的电子传递和光合作用

（陈婷婷等，2012）。加硅能提高干旱胁迫条件下水稻植株的生物量、水分利用效率、叶片叶绿素含量、净光合速率和蒸腾速率，而气孔导度和胞间 CO_2 浓度则下降。磷酸烯醇式丙酮酸羧化酶（PEPC）过表达可以减轻干旱胁迫对水稻光合作用的抑制作用（周宝元等，2011）。上海市农业生物中心培育的节水抗旱稻品种在轻度土壤干旱条件下，叶片气孔导度和蒸腾速率降低，叶片光合速率仍然较高。

第三节　水稻抗旱的分子机理

目前已克隆了大量与水稻抗旱性相关的基因，根据基因行使其功能方式的不同，可将抗旱基因分为功能基因和调节基因两大类。功能基因是对抗旱性起到直接保护作用的一类基因，包括植物生长调节、酶活性调节、渗透调节、有毒物质降解和细胞结构调节等。调节基因是其编码产物可在干旱信号转导及基因表达过程中起调节作用的基因，主要指信号转导相关因子和响应胁迫的转录因子家族基因和蛋白激酶。

一、功能蛋白基因

功能蛋白基因包括合成渗透调节物质（如脯氨酸、甜菜碱、糖类等）的关键酶基因、清除活性氧 ROS 的酶类基因和保护细胞免受水分胁迫伤害的功能蛋白。

P5CS 是脯氨酸合成酶基因，通过诱导型启动子高表达水稻后发现脯氨酸含量升高，改善了植株的抗旱及耐盐性（Zhu et al.，1998）；而用 ABA 特异启动子启动 *P5CS* 在水稻中表达，在逆境胁迫环境其在转基因植株中的表达量提高了 2.5 倍，而且转基因植株根和茎鲜重也明显增加（Zhu et al.，1997）。甜菜碱也是植物中重要的渗透调节物质，

溶解度较高，对很多酶有保护作用，将催化胆碱形成甜菜碱、编码胆碱氧化酶的 *CodA* 基因导入水稻中，水稻植株耐盐和耐冷的能力增强（Sakamoto et al.，1998）。Lea 蛋白可作为一种调节蛋白而参与植物渗透调节，通过与核酸结合而调整细胞内其他基因的表达。把大麦的 Lea 蛋白基因转入水稻中，发现其在水稻中的表达量显著增加，而且水稻的耐旱能力也明显提高（Lilley et al.，1996）。Lea 蛋白基因 *HVA1* 及 Lea 蛋白基因 *OsLEA3-1* 都可以提高水稻抗旱性（Huang et al.，2007）。

泛素介导的蛋白降解是调节植物体内一系列生物进程的关键机制。E3 泛素连接酶 *OsDIS1* 是水稻中一个干旱诱导的 SINA 蛋白，受干旱处理上调表达（Ning et al.，2011）。过量表达 *OsDIS1* 抗旱性减弱，而 RNAi 抑制表达却增强了水稻对干旱的抗性。蛋白实验表明，丝氨酸/苏氨酸类激酶 *OsNek6* 通过 26S 蛋白酶体途径被 *OsDIS1* 降解，*OsDIS1* 突变后 *OsNek6* 不能被降解，表明 *OsDIS1* 在转录水平上通过调节一系列逆境相关基因表达，翻译后修饰水平上通过和 *OsNek6* 互作调控水稻的干旱胁迫响应过程。E3 泛素连接酶基因 *OsSDIR1*、*OsRDCP1*、*OsDSG1* 也是水稻响应干旱胁迫的关键基因（Bae et al.，2011；Gao et al.，2011）。

植物最外表面被一层上皮蜡质层所覆盖，是防止水分丧失的主要屏障和保护植物免受逆境胁迫伤害的壁垒。*Glossy1*（*GL1*）是已报道的控制蜡质合成的基因之一，水稻中含有 11 个 *GL1* 同源基因，分别命名为 *OsGL1-1* 至 *OsGL1-11*（Jing et al.，2009）。这些基因大都参与角质层蜡质生物合成，在提高水稻抗旱性方面发挥重要作用。水稻乙烯应答因子 *OsWR1* 受干旱、脱落酸和盐的诱导表达，而且主要在叶片中表达。*OsWR1* 对水稻蜡质合成相关基因起到正调控作用，影响角质层组织的特征，从而对干旱响应起到正调控作用（Wang et al.，2012）。

DRO1 是一个控制根生长角度的数量性状位点，编码生长素应答蛋白，受到生长素负调控，影响了根尖部位的细胞伸长，从而导致根系的不对称生长和对重力相应的向下弯曲。*DRO1* 的高表达可以增加根生

长角度，使其生长方向更为竖直，通过回交将 *DRO1* 导入到浅根水稻品种能够增加其扎根深度，提高其抗旱能力，并能够在干旱条件下维持高产表现（Satoshi et al., 2013）。

过氧化物的清除是植物重要的抗旱反应。水分胁迫环境，ABA 通过诱导叶片中 *OsCATB* 表达调控 H_2O_2 积累，外源 ABA 处理能够促进 *OsCATB* 的表达，当用 ABA 合成抑制剂处理时，干旱胁迫环境 ABA 的合成受到抑制，*OsCATB* 表达也被抑制，同时 H_2O_2 的积累也降低，并且上述现象和过氧化氢酶的总活性相关，这些结果表明受水分胁迫诱导的 ABA 通过诱导 CATB 基因的表达阻止了过量 H_2O_2 的积累（Ye et al., 2011）。水稻 *OsSKIPa* 基因是人类 Ski 互作蛋白的同源蛋白，*Os-SKIPa* 转基因植株在干旱胁迫环境清除活性氧的能力显著提高，并且提高了苗期和生殖生长期水稻对 ABA、盐、甘露醇和干旱胁迫的耐受性，表明 *OsSKIPa* 对维持细胞活性和促进植物生长起关键作用。过表达 *OsCPK4* 植株根系中脂类代谢和抗氧化胁迫相关基因表达量上调，同时 *OsCPK4* 能够减少膜上脂类的过氧化反应以及电解液的泄漏，表明 *OsCPK4* 作为正调控因子保护细胞膜不受逆境诱导的氧化损害，进而提高水稻对干旱胁迫的抗性。

OsWS1 是一个膜结合的氧酰基转移酶家族成员，参与蜡质合成，并受 *osa-miR1848* 调控。BA 和缺水处理会抑制 *osa-miR1848* 表达，诱导 *OsWS1* 表达，*OsWS1* 过表达植株总蜡质增加 3%，特别是超长链脂肪酸含量增加 35%，气孔附近的蜡状突起变密，叶片和茎表面形成更多的角质层蜡质晶体，花粉外壳变厚，对缺水的耐受性增强，但植株生长变迟缓。相比之下，*OsWS1-RNAi* 和 *osa-miR1848* 过表达植株表现出相反的变化。证明了 *OsWS1* 表达受 *osa-miR1848* 调控，参与角质层蜡质合成，正调控水稻对缺水的耐受性（Xia et al., 2015）。

OsSAP16 在叶片叶肉和气孔细胞、茎尖和腋生分生组织、根尖后生木质部以及根成熟区的内皮层细胞高度表达，干旱会诱导 *OsSAP16* 表达增加。*OsSAP16* 可能在气孔运动中发挥功能，调控水稻光合作用，

并通过调控一系列胁迫应答基因的表达参与水稻对干旱胁迫的应答（Wang et al.，2016）。

OsDHODH1 编码胞质双氢乳清酸酯脱氢酶。*OsDHODH1* 的表达受盐、干旱和外源脱落酸处理而上调，但不受冷胁迫影响，过表达 *OsDHODH1* 的株系，DHODH 活性增强，并增强了植株对盐和干旱胁迫的抗性（Liu et al.，2009）。

OsASR5 是受 ABA、GA_3 和胁迫诱导的基因，过表达 ASR5 可以增强大肠杆菌的渗透耐受性，提高拟南芥和水稻的抗旱性。此外，*OsASR5* 在水稻中的过表达增加了内源 ABA 水平，并且在萌发期和萌发后对外源 ABA 处理均表现出超敏反应。干旱胁迫条件下，过表达植株诱导气孔关闭的第二信使 H_2O_2 的产生被激活，从而增加气孔关闭，降低气孔导度。*OsASR5* 在酵母和植物中具有伴侣样蛋白的功能，并与含应激相关 HSP40 和 2OG-Fe（Ⅱ）加氧酶结构域的蛋白质相互作用（Li et al.，2017）。

OsANN3 是一个受 PEG 和 ABA 诱导的膜联蛋白（Annexin）。遭受干旱胁迫时，*OsANN3* 可能通过与磷脂结合来介导 Ca^{2+} 的内流，从而激活 ABA 信号通路。*OsANN3* 的过表达增强了对外源 ABA 的敏感性，干旱胁迫下高表达植株表现出更好的生长特性，根长更长、气孔开度变小、存活率提高（Li et al.，2019）。

SQD2.1 具有催化磺喹诺酮基转移酶合成和黄酮糖基化的双重活性。水稻 *SQD2.1* 突变体的糖苷类黄酮含量降低；而在高表达 *SQD2.1* 的水稻植株中，糖苷类黄酮含量增加，进而提高了活性氧的清除能力，防止过度氧化。*sqd2.1* 突变体和 *sqd2.1* 高表达系的耐盐性和耐旱性分别降低和增强（Zhan et al.，2019）。

OsDT11 几乎在叶片、根、茎、雌蕊、花药和胚乳组织中组成性表达，PEG 处理会显著诱导 *OsDT11* 表达，过表达 *OsDT11* 植株中脱落酸的浓度增加，会提高水稻对干旱胁迫的耐受性（Li et al.，2016）。

OsPYL9 和 *OsPYL2* 在根、茎、叶、穗、胚和胚乳等组织中都检测

到较高表达，ABA 处理其表达下调，过表达 *OsPYL3* 和 *OsPYL9* 能够明显提高水稻的耐旱性和耐冷性；种子萌发时，过表达株系对 ABA 超敏感（Tian et al., 2015）。

OsIAA6 是一个典型的 Aux/IAA 基因，*OsIAA6* 在叶脉和腋生分生组织特异表达，受干旱和高盐强烈诱导，NAA 处理也会诱导 *OsIAA6* 的表达。*OsIAA6* 可能通过调控生长素合成基因的表达，引发生长素介导的干旱应答；*OsIAA6* 可能也参与 ABA 介导的抗旱性（Jung et al., 2015）。

二、调节基因

1. 蛋白激酶

蛋白激酶位于胁迫信号转导的上游部分，包括 MAPK、CDPK、CIPK、受体蛋白激酶、核糖体蛋白激酶和转录调控蛋白激酶等，能被干旱所诱导，对作物应答干旱胁迫有一定作用。

DSM1 编码产物是一个具有 Raf 类 MAPKKK 特征的蛋白激酶，定位在细胞核内。*DSM1* 在水稻根、成熟叶片、雄蕊和雌蕊中表达，且受盐、干旱和 ABA 诱导表达，但不受冷诱导。*DSM1* 突变后出现对干旱胁迫超敏感的表型，对氧化胁迫也很敏感，而过量表达 *DSM1* 可以使抗旱性提高。*dsm1* 突变体中两个过氧化物酶基因 *POX22.3* 和 *POX8.1* 表达明显下调，说明 *DSM1* 参与活性氧的信号传导过程。*DSM1* 作为水稻响应干旱胁迫的早期信号传导组分，通过调节过氧化物酶基因的表达而控制活性氧的清除，从而调节水稻的抗旱性。

GUDK 是一个受干旱诱导的受体类胞质激酶，*gudk* 功能缺失突变体在幼苗期表现出对盐、渗透胁迫和脱落酸处理敏感，而营养生长阶段在一定的干旱条件下光合作用能力和生物量降低，在生殖发育阶段 *gudk* 突变体在水分充足和干旱胁迫条件下都表现出谷粒产量显著降低的现象，*GUDK* 通过磷酸化和激活 *OsAP37* 来介导干旱胁迫的信号转

导，导致一些胁迫相关基因的转录被激活，它们的激活能够提高胁迫耐性，从而在干旱条件下提高产量（Ramegowda et al.，2014）。

LP2 编码一个富含亮氨酸的受体激酶，被锌指转录因子 *DST* 直接调控，主要在叶片等光合组织表达（Thilmony et al.，2009）；*LP2* 表达受干旱和脱落酸处理下调，*LP2* 过表达转基因植株积累更少的 H_2O_2，叶片中有更多张开的气孔，表现出对干旱超敏感。能与干旱应答的水通道蛋白 OsPIP1；1，OsPIP1；3 和 OsPIP2；3 互作。*LP2* 可能通过调控活性氧代谢，调控气孔密度和气孔关闭，作为干旱应答的负调控因子发挥作用（Wu et al.，2015）。

OsABIL2 是 ABA 信号的负调控因子，在调控水稻根系发育和抗旱性中发挥重要作用。*OsABIL2* 主要在幼苗和成熟植株的叶片和叶鞘表达，生殖组织的表达低于营养组织。在转录水平上，*OsABIL2* 不受 ABA 的负反馈调控，过表达 *OsABIL2* 造成植株对 ABA 不敏感，育性降低，穗发芽，气孔密度增大，水分散失增加，根系结构发生改变，主根和冠根变短，冠根根毛减少，导致水稻对干旱胁迫超敏感（Li et al.，2015）。

OsCPK4 编码一个钙调蛋白激酶，*OsCPK4* 主要在水稻根部表达，并且受高盐、干旱以及脱落酸处理的诱导。过表达 *OsCPK4* 能显著提高水稻的耐盐性和耐旱性，而消减 *OsCPK4* 则严重影响水稻生长发育，导致植株矮小、生长较弱。盐和干旱胁迫环境，相对于野生型，*OsCPK4* 过表达植株表现出更强的持水能力。盐处理时，*OsCPK4* 过表达水稻幼苗在根部积累的 Na^+ 明显减少。*OsCPK4* 抑制膜脂过氧化，减少电解液泄漏，保护细胞膜不受逆境诱导的氧化损害，并可能通过磷酸化作用调控钠离子转运，是盐和干旱胁迫应答的正调控因子（Campo et al.，2014）。*OsCDPK1* 在早期幼苗生长阶段有较强表达，并特异受蔗糖饥饿诱导，不受 ABA、NaCl 和甘露醇的诱导（Ho et al.，2013），*OsCDPK1* 功能获得转基因水稻株高和籽粒大小均降低，粒长和粒宽分别下降7%和5%，千粒重降低24%，但耐旱性增加，而 *Os-*

CDPK1-RNAi 水稻株高和籽粒大小增加，粒宽和粒重分别增加 13% 和 8%，千粒重增加 10%，耐旱性降低（Ho et al.，2013）。*OsCDPK7* 表达受冷和盐诱导，但不受外源脱落酸影响，过表达植株对低温、高盐和干旱胁迫的耐受性显著增强（Saijo et al.，2000）。

OsGIRL1 编码一个富亮氨酸重复类受体蛋白激酶，盐、渗透、热、水杨酸和脱落酸会诱导 *OsGIRL1* 的表达，渗透胁迫环境，*OsGIRL1* 过表达植株种子萌发比野生型高，根长变长。*OsGIRL1* 作为一个膜结合的受体激酶发挥功能，受到 ABA 或 SA 等植物激素的调控在干旱胁迫的耐受性中发挥特殊作用（Park et al.，2014）。

OsGSK1 是水稻糖原合成酶激酶基因，是 *GSK3/SHAGGY-like* 蛋白激酶基因家族的一个成员。过表达 *OsGSK1* 的植株发育迟缓，敲除 *OsGSK1* 的株系具有比野生型对冷、热、盐和干旱更强的忍耐力，*OsGSK1* 可能在胁迫环境的信号转导途径和花发育过程中有作用（Koh et al.，2007）。

OsMAPK5 能够正向调节水稻对干旱、盐和冷胁迫的耐受性，而负向调控病程相关基因的表达和对病原菌的广谱抗性（Xiong and Yang，2003）。

OsPP18 是一个受 *SNAC1* 调控的蛋白磷酸酶，属于 PP2C 分枝，具有丝氨酸/苏氨酸磷酸酶活性。*OsPP18* 主要在雄蕊、叶片以及叶鞘中表达，并且它的表达量受干旱诱导，但不受 ABA 影响。*ospp18* 突变体在幼苗和穗发育阶段对干旱更为敏感；*OsPP18* 过表达的水稻植株则会提高对渗透胁迫和氧化胁迫的抗性。*OsPP18* 受 *SNAC1* 调控，位于其下游，通过不依赖 ABA 的活性氧清除途径来调控水稻对干旱和氧化胁迫的抗性（You et al.，2014）。

OsSIK2 是一个 S 结构域受体类激酶，是一个依赖 Mn^{2+} 的蛋白激酶。*OsSIK2* 受盐、干旱、冷和 ABA 诱导表达，在各组织都有表达，在叶片和叶鞘中表达较强（Chen et al.，2013）。过表达 *OsSIK2* 的转基因株系对盐和干旱抗性增强，而突变体 *sik2* 则更加敏感。*OsSIK1* 在水稻茎和小穗中

表达，并受盐、干旱和 H_2O_2 处理诱导，*OsSIK1* 过表达植株表现出比对照更好的耐盐和耐旱能力，叶中积累的 H_2O_2 比突变体、*RNAi* 植株和对照要少很多，而敲除突变体 *sik1-1*、*sik1-2* 和 *RNAi* 植株，对干旱和盐胁迫敏感。发现 *OsSIK1* 通过激活抗氧化系统，并影响叶表皮远轴和近轴的气孔密度，在水稻耐盐和耐旱过程中起重要作用（Ouyang et al.，2010）。

2. 转录因子

转录因子作为反式作用因子可精细调控下游功能基因的表达，是一种 DNA 结合蛋白，能够与真核基因启动子区域中顺式作用元件发生特异相互作用，通过它们之间以及其他相关蛋白之间的相互作用，激活或抑制基因转录，实现对各种逆境的应答。转录因子一般至少含有两个结构域：一个用来识别和结合顺式作用元件目标位点，另一个负责组织其他参与激活转录的附加蛋白。转录因子可在特定的时间进入细胞核内，与特定基因启动子区域中的顺式作用元件或其他转录因子的作用元件相互作用来调控基因的表达。多种转录因子组成的网络系统在植物的非生物逆境响应和调控中起着非常重要的作用，同一个胁迫事件可以有多种转录因子的参与，同一种转录因子也可以参与多个胁迫事件。参与逆境相关基因调节的转录因子包括 AP2/EREBP、bZIP、Zinc finger、MYB、WRKY、bHLH 和 NAC 类。若操纵一个转录因子，就可通过它促使多个功能基因发挥作用，改变一个转录因子相比单个功能基因更有可能会提高作物抗逆性。

（1）AP2/EREBP 类转录因子

AP2/EREBP 类转录因子是高等植物所特有，AP2 型含有两个 AP2/EREBP 结构域，主要调控细胞的生长发育；而 EREBP 型转录因子仅含有一个 AP2/EREBP 结构域，调节植物对乙烯、低温、干旱及高盐等胁迫的应答反应。过量表达 AP37 明显提高水稻在生殖生长期和营养生长期对干旱和高盐胁迫的耐受性。大田严重干旱条件，过量表达 AP37 转基因植株显著提高了耐旱性，与非转基因植株相比产量高出 16%~57%；过量表达 AP37 提高对胁迫耐受性的同时并不影响水稻正常条件下的生长，没有引起可见的表型变化（Kim et al.，2009；Oh et al.，2009）。过量表达 AP59 明显提高水稻在营养生长期对干旱和盐的耐受性。在大田中，过量表达 AP59 在正常环境和干旱条件下较对照减产 23%～43%（Oh et al.，2009）。从低温处理的拟南芥 cDNA 文库中克隆到 3 个与 DRE 顺式作用元件结合、在低温胁迫环境调控报告基因 GUS 表达的转录因子，定名为 DREB1A、DREB1B 和 DREB1C（Joseph et al.，2003）；从干旱处理的拟南芥 cDNA 文库中克隆出 2 个与 DRE 元件结合、在干旱、高盐胁迫环境调控报告基因 GUS 表达的转录因子，定名为 DREB2A 和 DREB2B；Dubouzet et al.（2003）克隆得到的 *OsDREB1A* 基因在水稻原生质中与 DRE 发生特异结合，进而激活 GUS 报告基因，通过转基因使其在水稻中高表达，转基因水稻的耐旱等综合抗逆性提高。Tian et al.（2005）克隆出的 3 个水稻 DREB 转录因子，发现 *OsDREB4-1* 基因只有在苗期受干旱胁迫等逆境诱导的条件下才表达，可能参与干旱逆境应答反应。水稻中 *OsDREB1G* 和 *OsDREB2B* 超表达也明显地提高了转基因水稻的抗旱性（Mao et al.，2012），*OsDREB1E* 超表达仅仅能够轻微地提高水稻抵抗干旱的能力（Tian et al.，2009），*OsDREB1F* 基因在水稻中的过量表达均可提高水稻的抗旱性（Wang et al.，2008）。*OsDRAP1* 是一个受到多种环境胁迫和植物激素诱导的 *DREB2* 基因，在水稻的各个器官中都含有顺式元件。过表达 *OsDRAP1* 转基因植株的抗旱性显著提高，而 *OsDRAP1* RNA 干扰植株的抗旱性显著降低，同时对发育和产量也有显著的负面影响。*OsDRAP1* 与许多基因/蛋白质相互作用，可以激活许多下游抗旱相关基因的表达，干旱胁迫环境超表达转基因水稻植株的水分平衡能力和氧化还原能力增强，导管更发达（Huang et al.，2018）。

（2）NAC 类转录因子

NAC 转录因子（NAM、ATAF 和 CUC2）是植物中特有的转录因子，N 端序列高度保守，具有 DNA 结合特性，参与植物非生物胁迫诱导反应。水稻 *OsNAC6* 基因的表达受低温、高盐、干旱和 ABA 等诱导，同时也发现 *OsNAC6* 受伤害的诱导非常强，也受茉莉酸的诱导（Ohnishi et al.，2005），因此他们推测 *OsNAC6* 不仅在非生物逆境的应答中发挥重要作用，同时在生物和非生物的信号传导结合中起作用。*SNAC1* 和 *Os-NAC10* 的表达也都能够被干旱、高盐、ABA 诱导，*SNAC1* 高表达对生长和产量没有负效应，且能增强水稻抗旱性；而 *OsNAC10* 在非胁迫条件下主要在根和穗中表达，根特异高表达该基因能够增强大田干旱条件下水稻的抗性及产量（Jin et al.，2010）。*SNAC3* 根、茎尖、叶片、叶鞘、穗、雌蕊、雄蕊以及胚等都有表达，受到干旱、高温、盐胁迫、氧化胁迫以及脱落酸处理的诱导，过表达 *SNAC3* 会增强水稻对高温、干旱和渗透胁迫的耐受性，抑制 *SNAC3* 表达会降低水稻对热、干旱和氧化胁迫的耐受性，*NAC3* 介导活性氧（ROS）代谢，正调控 ROS 清除基因的表达，赋予水稻对胁迫的耐受性（Fang et al.，2015）。*ONAC095* 受干旱和 ABA 处理上调，干旱和冷胁迫环境 *ONAC095-OE* 植株与野生型表现相当，但 *ONAC095-SRDX* 植株表现出耐旱性提高，而耐冷性降低。*ONAC095* 在干旱和冷胁迫耐受性中发挥相反的作用，作为水稻干旱应答的负向调控因子而作为冷胁迫应答的正向调控因子发挥作用（Huang et al.，2016）。在水稻根部特异 *RCc3* 启动子的控制下，NAC 家族转录因子 *OsNAC5* 和 *OsNAC9* 的转基因水稻表现出较野生型更高的干旱耐受性，通过基因芯片和 RNA-seq 分析，发现其靶基因与跨膜、转运蛋白活性、囊泡、植物激素、碳水化合物代谢有关，这些基因通过改变转基因水稻根系结构赋予其更强的抗旱性（Chung et al.，2018）。

（3）bZIP 类转录因子

碱性亮氨酸拉链 bZIP（Basic Region/Leueine Zipper）普遍存在于动植物中，在被 ABA 激活后与 ABA 应答元件 ABRE 结合，启动下游基因的表达（Choi et al.，2000）。*OsbZIP23* 正向调控 *OsPP2C49* 和 9-顺式-环氧类胡萝卜素双加氧酶基因 *OsNCED4*，*OsbZIP23* 的表达受多种胁迫强烈诱导表达，是 ABA 信号合成以及抗旱的中心调控因子，过量表达 *Os-bZIP23* 的转基因水稻植株抗旱性和耐盐性显著提高，同时对 ABA 的敏感性增加；*Osbzip23* 突变体对 ABA 的敏感性降低，抗旱性和耐盐性也显著降低（Zong et al.，2016）。水稻 *OsbZIP42* 是拟南芥 a 组 bZIP 的直系同源基因 E-bZIP 的成员，受 ABA 处理诱导表达，但不受干旱和盐胁迫诱导。过表达 *OsbZIP42* 的转基因水稻中对 ABA 敏感的 *LEA3* 和 *Rab16* 基因表达迅速升高，对 ABA 敏感，干旱胁迫的耐受性增强，表明 *OsbZIP42* 是 ABA 依赖性的重要抗旱因子（Joo et al.，2019）。*OsbZIP72* 能够与 ABA 响应因子 ABRE 结合，激活下游基因，高表达该基因 ABA 响应基因 LEAs 表达量升高，提高水稻抗旱性（Lu et al.，2009），这表明 *OsbZIP72* 可能是 ABA 信号的正向调节因子；而 *bZIP74* mRNA 的非常规剪切参与内质网胁迫响应，而且这种非常规剪切与热胁迫和水杨酸途径有关，说明 *bZIP74* 可能参与了植物胁迫调节反应（Lu et al.，2012）。*OsbZIP46* 和拟南芥中的 *ABI5* 及水稻中的 *OsbZIP23* 具有高度序列相似性，其表达受干旱、高温、过氧化氢和 ABA 的强烈诱导，但不受盐和冷害诱导，研究发现 *OsbZIP46* 的 D 域对其活性具有负调控作用，组成型表达不含 D 域的 *OsbZIP46CA1* 能显著提高水稻对干旱和渗透胁迫的耐性，因此 *OsbZIP46CA1* 在耐旱育种中会起作用（Tang et al.，2012）。*OsbZIP46* 在水稻各组织中均有表达，过量表达转录因子 *OsbZIP46* 能够增强水稻的抗热和抗旱能力。*OsbZIP71* 编码一个水稻 bZIP 转录因子，它能特异结合到基因启动子的 G-box 基序上，并能够和 bZIP 基因家族 C 组成员形成同源二聚体和异源二聚体。*OsbZIP71* 的表达被干旱、聚乙二醇和 ABA 诱导，过表达 *OsbZIP71* 水稻植株显著提高了对干旱、盐和 PEG 渗透胁迫的耐受性，染色质免疫共沉淀实验证实了 *OsbZIP71* 在体内直接结合到 *OsNHX1* 和 *COR413-TM1* 的启动子上，在 ABA 介导的干旱耐受性方面发挥重要作用（Liu et al.，2014）。

（4）锌指类转录因子

锌指（Zinc Finger）转录因子是一类具有"手指状"结构域的转录因子家族，根据半胱氨酸（C）和组氨酸（H）的数目和位置不同可将锌指类转录因子分成 C2C2、C2H2、C2HC、C2HCC2C2、C2C2C2C2 几个类型；其中 WRKY 家族是植物所特有的，属于锌指转录因子 C2H2 类型，参与植物生长发育过程及多种逆境防御机制（Eulgem et al., 2007）。*Os-WRKY47* 是一个缺水胁迫应答的正向调节因子，在体外优先结合序列 GT-TGACC，*OsWRKY47* 的表达受干旱胁迫诱导，*Oswrky47* 突变体对干旱高度敏感，产量减少，而过表达 *OsWRKY47* 的植株具有更强的抗旱性（Raineri et al., 2015）。*OsWRKY11* 受干旱和热激胁迫的诱导，由热激蛋白 *HSP101* 启动子启动 *OsWRKY11* 表达的转基因水稻植株表现出较低的叶片萎蔫和较高的存活率，具有显著的耐热及耐旱性（Wu et al., 2009）。而 *OsWRKY30* 和 *OsMPK3*、*OsMPK4*、*OsMPK7* 等 MAP 激酶相互作用，并可被 *OsMPK3* 和 *OsMPK7* 磷酸化，高表达 *OsWRKY30* 的水稻植株显著增强了抗旱性，其中 MAPKs 的磷酸化对 *OsWRKY30* 的功能具有重要作用（Shen et al., 2012）。水稻中 *OsWRKY80* 在受到高 Fe、暗诱导，干旱处理后在叶、茎、根中均表达上调，这表明 *OsWRKY80* 是一个综合性胁迫响应基因（Klein et al., 2010）。WRKY 转录因子 *OsWRKY45* 通过 ABA 通路响应干旱胁迫。WRKY 转录因子也参与水稻的病原防御机制，研究发现 *OsWRKY31* 具有反式激活活性，能够被稻瘟病菌和生长素诱导，转基因植株的侧根形成和根伸长减少，可能是 *OsWRKY31* 参与了生长素响应和防御系统的信号转导途径，改变了生长素应答或转导（Zhang et al., 2008）。*OsWRKY82* 在茎、叶、花中表达较高，受病菌、伤害和热激胁迫诱导，在茉莉酸和乙烯处理后表达上调，*OsWRKY82* 可能参与了依赖茉莉酸/乙烯信号途径的病原防御及非生物胁迫应答机制（Xu et al., 2011）。*OsWRKY13* 参与依赖 SA 信号途径，而抑制依赖 JA 的信号途径，高表达能提高水稻对白叶枯病和稻瘟病的抗性（Qiu et al., 2007）。高表达 *WRKY89* 后 SA 水平升高，也可能参与了依赖 SA 信号途径（Wang et al., 2007），这 3 个转录因子在水稻抗病性中也可能具有重要作用。

其他锌指类转录因子在水稻抗性中也具有一定的调节作用，在水稻中分离出一个编码 Zinc finger 蛋白的基因 *OsCOIN*，其受冷、ABA、干旱和盐的诱导。它在水稻中的高表达极大地增强了水稻对冷、干旱和盐的抗性，其作用机制是通过提高 *OsP5CS* 的表达以增加细胞的脯氨酸水平来完成的（Liu et al.，2007）。*DST* 是水稻中发现的一个锌指转录因子，对水稻的耐旱和耐盐性具有负调节作用，通过直接调控 *Gn1a/OsCKX2* 表达而提高水稻籽粒产量。*DST* 具有转录激活活性，*DST* 与活性氧相关基因启动子中的 DBS 元件直接结合，DSR 能直接调控 *LP2* 的转录，调节这些基因的表达。*DST* 作为抗逆性的负调控因子，当其功能缺失时可直接下调过氧化氢代谢相关基因的表达，使清除过氧化氢的能力下降从而增加过氧化氢在保卫细胞中的累积，促使叶片气孔关闭，减少了干旱胁迫环境水分的流失和盐胁迫环境 Na^+ 进入植株体内，最终提高水稻的耐旱性和耐盐性（Huang et al.，2009；Li et al.，2013；Wu et al.，2015）。

（5）bHLH 类转录因子

bHLH 家族结构域的基序包含了约 60 个氨基酸，由一个碱性氨基酸区（Basic region）和一个螺旋-环-螺旋（HLH region）区组成。水稻中 bHLH 家族含有至少 165 个成员，参与光信号、激素信号、根系发育、果实及花的发育以及干旱胁迫等，也有 bHLH 参与了细胞伸长等生理过程（Heang et al.，2012）。*OsbHLH148* 可能在抗旱过程中作为一个起始应答因子受茉莉酸调节的基因的表达，水稻中存在 *OsbHLH148-OsJAZ1-Os-COI1* 的信号模块参与茉莉酸信号途径调节水稻耐旱性，高表达 *OsbHLH148* 能够引起水稻植株对干旱胁迫的耐性（Kim et al.，2011）。*RERJ1* 编码的 bHLH 类转录因子与茉莉酸信号途经有关，*RERJ1* 在水稻中的表达是依赖 JA 途径的，其仅在植株伤害处表达或受到干旱胁迫后在叶片表达，这些部位 JA 含量趋势是一致的，JA 的积累和 *RERJ1* 的转录激活功能有关，因此 *RERJ1* 可能是显示 JA 存在部位的有效标记（Kyoko et al.，2004；Miyamoto et al.，2013）。*OrbHLH001* 是从野生稻中发现的一种 bHLH 类转录因子，主要在韧皮部表达，盐胁迫后 *OrbHLH001* 与 *OsAKT1* 启动子区域的 E-box 特异结合从而诱导 *AKT1* 的表达升高，调节并维持离子平衡（Li et al.，2014）。从野生稻中克隆出一种 bHLH 类转录因子 *OrbHLH2*，在拟南芥中高表达后，转基因植株的胁迫响应基因

DREB1A/CBF3、*RD29A*、*COR15A* 及 *KIN1* 表达上调，增强了转基因植株对盐和渗透胁迫的耐性，在对野生型和转基因植株的种子进行 ABA 处理后发现胁迫响应基因具有相同的表达趋势，说明 *OrbHLH2* 可不依赖 ABA 来应答盐胁迫（Zhou et al.，2009）。bHLHC 亚家族的 *bHLH089/bHLH094* 与 *RSS3* 及 JAZ 形成三元复合体调节盐胁迫适应过程中根的细胞伸长，*RSS3* 和 JAZ 的复合体对 *bHLH089/bHLH094* 的功能有抑制作用（Toda et al.，2013），而也有研究发现 *OsRHL1* 是存在于水稻第六染色体的一种新的 bHLHC 亚家族转录因子，参与调节植物根毛的发育（Ding et al.，2009）。*OsbHLH120* 能够被 PEG、盐以及脱落酸强烈诱导，旱稻根中 *OsbHLH120* 的表达量要高于水稻，并且该基因第 82 个碱基的位置单核苷酸多态（SNP）和第 628~642 个碱基间的插入或缺失（Indel）在水旱稻品种中保守存在，进一步分析显示该基因可能与根系的发育和抗旱性有关（Li et al.，2015）。

（6）MYB 类转录因子

OsMYB6 是一个应激反应 MYB 家族转录因子，定位于细胞核，在干旱和盐胁迫条件下，*OsMYB6* 高表达植株表现出较高的脯氨酸含量、较高的 CAT 和 SOD 活性、较低的 REL 和 MDA 含量，对干旱和盐胁迫表现出较高的抗性。*OsMYB48-1* 过表达株系在干旱胁迫环境表现出失水率降低，较低的丙二醛含量和较高的脯氨酸含量，其通过调节胁迫诱导的 ABA 合成增强水稻耐旱性。*OsMYB48-1* 在不同组织，包括根、茎、叶鞘、叶片和穗部中都有表达，但主要在苗期和生殖期的根部表达，在苗期叶鞘中表达量很低；*OsMYB48-1* 受 PEG、H_2O_2、ABA 和脱水胁迫的强烈诱导，受到盐和冷处理的轻微诱导，表明 *OsMYB48-1* 可能参与到多个非生物胁迫的响应中。过表达 *OsMYB48-1* 能够显著改善转基因植株对干旱和盐胁迫的耐受性，过表达株系在胁迫环境表现出失水率降低，较低的丙二醛含量和较高的脯氨酸含量。此外，过表达株系在萌发和萌发后两个时期都对 ABA 超敏感，且在干旱胁迫条件下积累了更多的内源ABA（Xiong et al.，2014）。*OsMYB2* 编码参与胁迫应答的 MYB 转录因

子，定位在核内并具有激活活性。*OsMYB2* 在参与水稻对盐分、冷害、脱水胁迫环境的忍耐性方面具有调控作用（Yang et al.，2012）。*OsMYB30* 定位在核内，受冷胁迫后强烈上调，也受 JA、热以及水淹胁迫的诱导，但会受 ABA、盐和干旱胁迫的轻微抑制（Lv et al.，2017）。

　　OsLG3 是正向调控水稻的耐旱性的 ERF 家族转录因子，干旱胁迫环境 *OsLG3* 在旱稻中比水稻中的表达更强，通过候选基因关联分析发现 *OsLG3* 启动子存在自然变异，且与萌发中水稻种子的抗渗透胁迫能力相关。*OsLG3* 过表达显著提高了水稻对模拟干旱的抗性，而抑制 *OsLG3* 使得水稻对干旱更敏感，且 *OsLG3* 通过活性氧的清除，在干旱胁迫抗性中扮演正向角色的作用（Xiong et al.，2018）。乙烯的产生对水稻干旱应答有着重要的正调控作用，*OsDERF1* 转录激活 *OsERF3* 和 *OsAP2-39*，负向调节水稻乙烯合成，过表达 *OsDERF1* 转基因水稻植株对苗期干旱胁迫的耐受性降低，而 *OsDERF1* 低表达水稻苗期和分蘖期的耐受性增强，*OsDERF1* 通过调控乙烯的生物合成调节干旱应答（Wan et al.，2011）。

　　OsMADS26 受到生物和非生物胁迫调控，作为胁迫相关基因的上游调控因子发挥作用，是水稻响应多种胁迫的调控中心，负调控水稻对稻瘟病菌和白叶枯病菌的抗性，同时负调控耐旱性，但对植株发育没有明显影响（Khong et al.，2016）。

参考文献

杨建昌，张亚洁，张建华，等. 2004. 水分胁迫下水稻剑叶中多胺含量的变化及其与抗旱性的关系 [J]. 作物学报，30（11）：1 069-1 075.

周宝元，丁在松，赵明. 2011. PEPC 过表达可以减轻干旱胁迫对水稻光合的抑制作用 [J]. 作物学报，37（1）：112-118.

Bae H, Kim S K, Cho S K, et al. 2011. Overexpression of *OsRDCP1*, a rice RING domain – containing E3 ubiquitin ligase, increased tolerance to drought stress in rice (*Oryza sativa* L.) [J]. Plant Science, 180 (6): 775-782.

Chen L J, Wuriyanghan H, Zhang Y Q, et al. 2013. An S-domain receptor – like kinase, *OsSIK2*, confers abiotic stress tolerance and delays dark-induced leaf senescence in rice [J]. Plant Physiology, 163 (4): 1 752-1 765.

Choi H I, Hong J H, Ha J O, et al. 2000. ABFs, a family of ABA-responsive element binding factors [J]. Journal of Biological Chemistry, 275 (3): 1 723-1 730.

Chu G, Chen T T, Wang Z Q, et al. 2014. Morphological and physiological traits of roots and their relationships with water productivity in water-saving and drought-resistant rice [J]. Field Crops Research, 165: 36-48.

Chung P J, Jung H, Choi Y D, et al. 2018. Genome-wide analyses of direct target genes of four rice NAC – domain transcription factors involved in drought tolerance [J]. BMC Genomics, 19 (1): 40.

Ding W N, Yu Z M, Tong Y L, et al. 2009. A transcription factor with a bHLH domain regulates root hair development in rice [J]. Cell Research, 19 (11): 1 309-1 311.

Dubouzet J G, Sakuma Y, Ito Y, et al. 2003. *OsDREB* genes in rice, *Oryza sativa* L., encode transcription activators that function in drought-, high-salt-and cold-responsive gene expression [J]. The Plant Journal, 33 (4): 751-763.

Eulgem T and Somssich I E. 2007. Networks of WRKY transcription factors in defense signaling [J]. Current Opinion in Plant Biology, 10 (4): 366-371.

Fang Y J, Liao K F, Du H, et al. 2015. A stress – responsive NAC

transcription factor *SNAC3* confers heat and drought tolerance through modulation of reactive oxygen species in rice [J]. Journal of Experimental Botany, 66 (21): 6 803–6 817.

Gao T, Wu Y R, Zhang Y Y, et al. 2011. *OsSDIR1* overexpression greatly improves drought tolerance in transgenic rice [J]. Plant Molecular Biology, 76 (1–2): 145–156.

Gu J F, Qiu M, Yang J C. 2013. Enhanced tolerance to drought in transgenic rice plants overexpressing C4 photosynthesis enzymes [J]. The Crop Journal, 1: 105–114.

Gu J F, Yin X Y, Stomph T J, et al. 2012. Physiological basis of genetic variation in leaf photosynthesis among rice (*Oryza sativa* L.) introgression lines under drought and well–watered conditions [J]. Journal of Experimental Botany, 63: 5 137–5 153.

Hong T X, Ping L X, Lin Z H, et al. 2005. *OsDREB4* genes in rice encode AP2 – containing proteins that bind specifically to the dehydration responsive element [J]. Journal of Integrative Plant Biology, 47 (4): 467–476.

Hou X, Xie K B, Yao J L, et al. 2009. A homolog of human ski–interacting protein in rice positively regulates cell viability and stress tolerance [J]. Proceedings of the National Academy of Sciences USA, 106 (15): 6 410–6 415.

Hu H H, Dai M Q, Yao J L, et al. 2006. Overexpressing a NAM, ATAF, and CUC (NAC) transcription factor enhances drought resistance and salt tolerance in rice [J]. Proceedings of the National Academy of Sciences USA, 103 (35): 12 987–12 992.

Huang L, Hong Y B, Zhang F J, et al. 2016. Rice NAC transcription factor *ONAC095* plays opposite roles in drought and cold stress tolerance [J]. BMC Plant Biology, 16: 203.

Huang X Y, Chao D Y, Gao J P, et al. 2009. A previously unknown zinc finger protein, DST, regulates drought and salt tolerance in rice via stomatal aperture control [J]. Genes & Development, 23 (15): 1 805−1 817.

Huang L Y, Wang Y X, Wang W S, et al. 2018. Characterization of transcription factor gene *OsDRAP1* conferring drought tolerance in rice [J]. Frontiers in Plant Science, 9: 94.

Jeong J S, Kim Y S, Baek K H, et al. 2010. Root−specific expression of *OsNAC10* improves drought tolerance and grain yield in rice under field drought conditions [J]. Plant Physiology, 153 (1): 185−197.

Kim Y S, Kim J K. 2009. Rice transcription factor *AP37* involved in grain yield increase under drought stress [J]. Plant Signaling & Behavior, 4 (8): 1−2.

Li J, Long Y, Qi G N, et al. 2014. The Os−AKT1 Channel is critical for K$^+$uptake in rice roots and is modulated by the rice *CBL1−CIPK23* complex [J]. The Plant Cell, 26 (8): 3 387−3 402.

Li J J, Li Y, Yin Z G, et al. 2017. *OsASR5* enhances drought tolerance through a stomatal closure pathway associated with ABA and H$_2$O$_2$ signalling in rice [J]. Plant Biotechnology Journal, 15 (2): 183−196.

Li X F, Zhang Q, Yang X, et al. 2019. *OsANN3*, a calcium − dependent lipid binding annexin is a positive regulator of ABA−dependent stress tolerance in rice [J]. Plant Science, 284: 212−220.

Lilley J M, Ludlow M M, McCouch S R, et al. 1996. Locating QTL for osmotic adjustment and dehydration tolerance in rice [J]. Journal of Experimental Botany, 47 (9): 1 427−1 436.

Shen H S, Liu C T, Zhang Y, et al. 2012. *OsWRKY30* is activated by MAP kinases to confer drought tolerance in rice [J]. Plant Bolecular Biology, 80 (3): 241−253.

Liu C, Mao B G, Ou S J, et al. 2014. *OsbZIP71*, a bZIP transcription factor, confers salinity and drought tolerance in rice [J]. Plant Molecular Biology, 84 (1-2): 19-36.

Liu Q, Kasuga M, Sakuma Y, et al. 1998. Two transcription factors, *DREB1* and *DREB2*, with an *EREBP/AP2* DNA binding domain separate two cellular signal transduction pathways in drought-and low-temperature-responsive gene expression, respectively, in *Arabidopsis* [J]. The Plant Cell, 10 (8): 1 391-1 406.

Lu G J, Gao C X, Zheng X N, et al. 2009. Identification of *OsbZIP72* as a positive regulator of ABA response and drought tolerance in rice [J]. Planta, 229 (3): 605-615.

Lu S J, Yang Z T, Sun L, et al. 2012. Conservation of *IRE1*-regulated *bZIP74* mRNA unconventional splicing in rice (*Oryza sativa* L.) involved in ER stress responses [J]. Molecular Plant, 5 (2): 504-514.

Luo L J. 2010. Breeding for water-saving and drought-resistance rice in China [J]. Journal of Experimental Botany, 61 (13): 3 509-3 517.

Mao D H, Chen C Y. 2012. Colinearity and similar expression pattern of rice *DREB1s* reveal their functional conservation in the cold-responsive pathway [J]. PLoS One, 7 (10): e47275.

Miyamoto K, Shimizu T, Mochizuki S, et al. 2013. Stress-induced expression of the transcription factor *RERJ1* is tightly regulated in response to jasmonic acid accumulation in rice [J]. Protoplasma, 250 (1): 241-249.

Islam M A, Du H, Ning J, et al. 2009. Characterization of *Glossy1*-homologous genes in rice involved in leaf wax accumulation and drought resistance [J]. Plant Molecular Biology, 70 (4): 443-456.

Ning Y, Jantasuriyarat C, Zhao Q Z, et al. 2011. The SINA E3 ligase

OsDIS1 negatively regulates drought response in rice [J]. Plant Physiology, 157: 242–255.

Oh S J, Kim Y S, Kwon C W, et al. 2009. Overexpression of the transcription factor *AP37* in rice improves grain yield under drought conditions [J]. Plant Physiology, 150 (3): 1 368–1 379.

Ohnishi T, Sugahara S, Yamada T, et al. 2005. *OsNAC6*, a member of the NAC gene family, is induced by various stresses in rice [J]. Genes and Genetic Systems, 80 (2): 135–139.

Ouyang S Q, Liu Y F, Liu P, et al. 2010. Receptor – like kinase *OsSIK1* improves drought and salt stress tolerance in rice (*Oryza sativa* L.) plants [J]. The Plant Journal, 62 (2): 316–329.

Ouyang W J, Struik P C, Yin X Y, et al. 2017. Stomatal conductance, mesophyll conductance, and transpiration efficiency in relation to leaf anatomy in rice and wheat genotypes under drought [J]. Journal of Experimental Botany, 68: 5 191–5 205.

Price A H, Tomos A D, Virk D S. 1997. Genetic dissection of root growth in rice (*Oryza sativa* L.). I: a hydrophonic screen [J]. Theoretical and Applied Genetics, 95: 132–142.

Qiu D Y, Xiao J, Ding X H, et al. 2007. *OsWRKY13* mediates rice disease resistance by regulating defense – related genes in salicylate – and jasmonate–dependent signaling [J]. Molecular Plant Microbe Interactions, 20 (5): 492–499.

Ramegowda V, Basu S, Krishnan A, et al. 2014. Rice *GROWTH UNDER DROUGHT KINASE* is required for drought tolerance and grain yield under normal and drought stress condition [J]. Plant Physiology, 166 (3): 1 634–1 645.

Ricachenevsky F K, Sperotto R A, Menguer P K, et al. 2010. Identification of Fe–excess–induced genes in rice shoots reveals a WRKY tran-

scription factor responsive to Fe, drought and senescence [J].
Molecular Biology Reports, 37 (8): 3 735-3 745.

Sharp R E. 2002. Interaction with ethylene: changing views on the role
of abscisic acid in root and shoot growth responses to water stress [J].
Plant Cell & Environment, 25 (2): 211-222.

Tang N, Zhang H, Li X H, et al. 2012. Constitutive activation of tran-
scription factor *OsbZIP46* improves drought tolerance in rice [J]. Plant
Physiology, 158 (4): 1 755-1 768.

Toda Y, Tanaka M, Ogawa D, et al. 2013. RICE SALT SENSITIVE3
forms a ternary complex with JAZ and class-C bHLH factors and regu-
lates jasmonate induced gene expression and root cell elongation [J].
The Plant Cell, 25 (5): 1 709-1 725.

Wan L Y, Zhang J F, Zhang H W, et al. 2011. Transcriptional activa-
tion of *OsDERF1* in *OsERF3* and *OsAP2-39* negatively modulates ethyl-
ene synthesis and drought tolerance [J]. PLoS One, 6 (9): e25216.

Wang H H, Hao J J, Chen X J, et al. 2007. Overexpression of rice
WRKY89 enhances ultraviolet B tolerance and disease resistance in rice
plant [J]. Plant Molecular Biology, 65 (6): 799-815.

Wang Q Y, Guan Y C, Wu Y R, et al. 2008. Overexpression of a rice
OsDREB1F gene increases salt, drought, and low temperature
tolerance in both *Arabidopsis* and rice [J]. Plant Molecular Biology,
67 (6): 589-602.

Wang Y H, Wan L Y, Zhang L X, et al. 2012. An ethylene response
factor *OsWR1* responsive to drought stress transcriptionally activates wax
synthesis related genes and increases wax production in rice [J]. Plant
Molecular Biology, 78 (3): 275-288.

Wu X L, Shiroto Y, Kishitani S, et al. 2009. Enhanced heat and
drought tolerance in transgenic rice seedlings overexpressing *OsWRKY11*

under the control of *HSP*101 promoter [J]. Plant Cell Reports, 28 (1): 21-30.

Xiao B Z, Huang Y M, Tang N, et al. 2007. Overexpression of a LEA gene in rice improves drought resistance under the field conditions [J]. Theoretical and Applied Genetics, 115 (1): 35-46.

Xiong H Y, Li J J, Liu P L, et al. 2014. Overexpression of *OsMYB48-1*, a novel MYB-related transcription factor, enhances drought and salinity tolerance in rice [J]. PLoS One, 9 (3): e92913.

Xiong H Y, Yu J P, Miao J L, et al. 2018. Natural variation in *OsLG3* increases drought tolerance in rice by inducing ROS scavenging [J]. Plant Physiology, 178 (1): 451-467.

Xu W F, Jia L G, Shi W M, et al. 2013. Abscisic acid accumulation modulates auxin transport in the root tip to enhance proton secretion for maintaining root growth under moderate water stress [J]. New Phytologist, 197 (1): 139-150.

Yang J C, Zhang J H, Liu K, et al. 2007. Involvement of polyamines in the drought resistance of rice [J]. Journal of Experimental Botany, 58 (6): 1 545-1 555.

Ye N H, Zhu G H, Liu Y G, et al. 2011. ABA controls H_2O_2 accumulation through the induction of *OsCATB* in rice leaves under water stress [J]. Plant and Cell Physiology, 52 (4): 689-698.

Uga Y, Sugimoto K, Ogawa S, et al. 2013. Control of root system architecture by *DEEPER ROOTING 1* increases rice yield under drought conditions [J]. Nature Genetics, 45 (9): 1 097-1 102.

Zhang J, Peng Y L, Guo Z J. 2008. Constitutive expression of pathogen-inducible *OsWRKY31* enhances disease resistance and affects root growth and auxin response in transgenic rice [J]. Plants Cell Research, 18 (4): 508-521.

Zhang Q F. 2007. Strategies for developing green super rice [J]. Proceedings of the National Academy of Sciences USA, 104 (42): 16 402–16 409.

Zhu B C, Su J, Chang M C, et al. 1998. Overexpression of a Δ^1–pyrroline–5–carboxylate synthetase gene and analysis of tolerance to water–and salt–stress in transgenic rice [J]. Plant Science, 139 (1): 41–48.

Zhu J K, Hasegawa P M, Bressan R A, et al. 1997. Molecular aspects of osmotic stress in plants [J]. Critical Reviews of Plant Sciences, 16 (3): 253–277.

Zhu J K. 2002. Salt and drought stress signal transduction in plants [J]. Annual Review of Plant Biology, 53 (1): 247–273.

Zhan X Q, Shen Q W, Chen J, et al. 2019. Rice sulfoquinovosyltransferase SQD2. 1 mediates flavonoid glycosylation and enhances tolerance to osmotic stress [J]. Plant, Cell & Environment, 42 (7): 2 215–2 230.

Zong W, Tang N, Yang J, et al. 2016. Feedback regulation of ABA signaling and biosynthesis by a bZIP transcription factor targets drought–resistance–related genes [J]. Plant Physiology, 171 (4): 2 810–2 825.

Wang F, Coe R A, Karki S, et al. 2016. Overexpression of *OsSAP16* regulates photosynthesis and the expression of a broad range of stress response genes in rice (*Oryza sativa* L.) [J]. PLoS One, 11 (6): e0157 244.

Liu W Y, Wang M M, Huang J, et al. 2009. The *OsDHODH1* gene is involved in salt and drought tolerance in rice [J]. Journal of Integrative Plant Biology, 51 (9): 825–833.

Li X M, Han H, Chen M, et al. 2016. Overexpression of *OsDT11,* which encodes a novel cysteine–rich peptide, enhances drought tolerance and increases ABA concentration in rice [J]. Plant Molecular Biology, 93 (1–2): 21–34.

Tian X, Wang Z, Li X, et al. 2015. Characterization and functional analysis of pyrabactin resistance–like abscisic acid receptor family in rice [J]. Rice, 8 (1): 28.

Jung H, Lee D K, Choi Y D, et al. 2015. *OsIAA6*, a member of the rice *Aux/IAA* gene family, is involved in drought tolerance and tiller outgrowth [J]. Plant Science, 236: 304–312.

Joo J S, Lee Y H, Song S I. 2019. *OsbZIP42* is a positive regulator of ABA signaling and confers drought tolerance to rice [J]. Planta, 249 (5): 1 521–1 533.

Thilmony R, Guttman M, Thomson J G, et al. 2009. The *LP2* leucine–rich repeat receptor kinase gene promoter directs organ–specific, light–responsive expression in transgenic rice [J]. Plant Biotechnology Journal, 7 (9): 867–882.

Ho S L, Huang L F, Lu C A, et al. 2013. Sugar starvation– and GA–inducible calcium–dependent protein kinase 1 feedback regulates GA biosynthesis and activates a 14–3–3 protein to confer drought tolerance in rice seedlings [J]. Plant Molecular Biology, 81 (4–5): 347–361.

Campo S, Baldrich P, Messeguer J, et al. 2014. Overexpression of a calcium–dependent protein kinase confers salt and drought tolerance in rice by preventing membrane lipid peroxidation [J]. Plant Physiology, 165 (2): 688–704.

Saijo Y, Hata S, Kyozuka J, et al. 2000. Over–expression of a single Ca^{2+}–dependent protein kinase confers both cold and salt/drought tolerance on rice plants [J]. The Plant Journal, 23 (3): 319–327.

第三章　水稻抗旱分子标记辅助育种

　　水稻是最主要的粮食作物之一，我国水稻育种取得了举世瞩目的成就，为保障国家粮食安全做出了重大的贡献。然而，水稻生产消耗了大量的淡水资源，我国又是一个缺水严重、干旱频繁发生的国家，提高水稻的抗旱节水性已成为水稻品种改良的重要目标，培育和应用节水抗旱的水稻品种，对于增加和稳定水稻单产、缓解我国水资源短缺状况、保护生态环境和保障粮食安全均具有十分重要的意义。作物抗旱性和产量是受多基因控制的数量性状，随着分子标记技术的发展、基因组测序的完成及分子生物技术的突飞猛进，大量与水旱稻抗旱性相关的基因已经被定位或克隆，相关分子标记也被开发，用于抗旱分子标记辅助育种。

第一节　遗传标记及图谱

一、遗传标记

　　经典遗传学中，遗传多态性是指等位基因的变异，现代遗传学中，遗传多态性是指全基因组中遗传位点上的相对差异。遗传标记是指可以准确反映遗传多态性的生物特征，帮助人们更好地研究生物的遗传与变异规律，广泛应用于连锁分析、基因定位、遗传作图及基因转移等。作物育种中通常将与育种目标性状/基因紧密连锁的遗传标记用来对目标性状进行追踪选择。遗传标记经历了从形态标记、细胞标记、生化标记到分子标记的发展过程。

1. 形态标记

形态标记是指那些能够明确显示遗传多态性的外观性状，如株高、穗型、粒色或芒毛、抗病性状等的相对差异。国际水稻所和日本系统地收集了大量的形态标记，在水稻中已有多达 300 个形态标记材料，并作为重要的种质资源加以保存。形态标记基因的染色体定位最初是通过经典的二点、三点测验进行的，通过判断不同性状间的遗传是否符合独立分配规律，来确定控制这些性状的基因是否连锁。以形态标记为基础的连锁群的建立为生理、生化性状的遗传研究奠定了基础。利用形态标记是经典遗传学基因定位的方法，存在标记数少、耗时较长、标记易受环境条件限制等局限性。

2. 细胞标记

细胞学标记显示遗传多态性的细胞学特征，主要是染色体核型（染色体数目、大小、随体和着丝点的位置等）和带型。细胞标记主要应用于外源基因的定位，这些外源基因一般来自近缘种属。水稻雄性不育按照花粉败育时期及形态特征，可以分为典败型、圆败型、染败型、核增生花粉败育型和无花粉型等，这些败育类型即可作为细胞标记，当某一遗传性状与花粉育性基因紧密连锁时，显微观察水稻花粉育性，就可以研究该紧密连锁性状的遗传规律。为了改良普通小麦的种质资源，遗传学家通过远缘杂交、染色体工程等方法将许多人类所需要的基因导入小麦，如抗病虫、耐盐碱、耐旱、耐寒等基因，这些外源物种的染色体在形态上明显不同于小麦，使得普通小麦的染色体发生了或多或少的变化。因此，通过核型和带型分析可以确定外源染色体及基因的位置。基因组原位杂交技术是以基因组 DNA 为探针，利用物种间基因组 DNA 的差异检测外源染色体或染色体片段。但仅靠原位杂交不能确定所涉及的染色体及染色体臂的位置，因此该项技术必须和其他方法相结合，如带型分析和 RFLP 分子标记相结合。利用原位杂交已成功地鉴别出普通小麦与黑麦、大麦、中间偃麦草、簇毛麦、大赖草等物种杂交后代中外源染色体数目或染色体片段的大小，结合其他技术推断出这些外源基因在小麦染色体上的位置。细胞标记的优点是检测结果直观、具体，与其他标记结合使用定位准确。但目前来看标记数目有限，而且只能检测或定位外源染色体或基因。

3. 生化标记

生化标记是指以基因表达产物酶和蛋白质为主的一类标记，包括同工酶和种子储藏蛋白。目前有 180 多个生化标记位点已被定位于小麦特定的染色体或臂上。通过检测特定的基因表达产物，如同工酶和蛋白质的有无或多少来确定该标记染色体片段存在与缺失及位置，推断目标基因在该染色体或片段上的位置。利用生化标记对外源基因的鉴定和定位上有着很好的利用价值。目前在黑麦、簇毛麦、山羊草等小麦异代换系、异附加系和易位系的基因定位上均有成功的应用范例。水稻常用的酶有酸性磷酸酶 Acp-1、Acp-2、Acp-3、β-淀粉酶 β-Amy-1、异柠檬酸脱氢酶 Icd-1、苹果酸脱氢酶 Mal-1、过氧化物酶 Pox-1、Pox-2 等。蛋白质和酶是基因表达的产物，与形态性状、细胞学特征相比，数量上更多，受环境影响小，能更好地反映遗传多态性，因此蛋白质标记是一种较好的遗传标记。但蛋白质标记仍然存在标记的数量比较有限、同工酶标记都需特殊的显色方法和技术、酶的活性具有发育和组织特异性等缺点，难以满足需求。

4. 分子标记

DNA 分子标记是基因组碱基序列水平上遗传多态性的直接反映，具有经典标记无法比拟的优越性，如多态性高、数量多、表现中性、无上位性、不受环境影响等。DNA 分子标记可分为四类：一是基于分子杂交的分子标记；二是基于 PCR 基础的分子标记；三是基于 PCR 与限制性酶切技术结合的分子标记；四是基于单核苷酸多态性的分子标记，如 SNP（Single nucleotide polymorphism）。随着现代分子生物学技术的进一步发展，新的 DNA 分子标记将不断产生，常用分子标记比较见表 3-1。

表 3-1 RFLP、RAPD、SSR、ISSR、AFLP、SNP 分子标记的比较

特性	RFLP	RAPD	SSR	ISSR	AFLP	SNP
分布	普遍存在	普遍存在	普遍存在	普遍存在	普遍存在	普遍存在
遗传	共显性	多数显性	共显性	多数显性	多数显性	共显性
多态性	中等	较高	高	高	非常高	非常高
等位检测	是	不是	是	不是	不是	是
样品信息量	低-中等	高	高	高	非常高	非常高
基因组区域	低拷贝序列	整个基因	整个基因	整个基因	整个基因	整个基因
技术难度	中等	简单	简单	简单	中等	高
重复性	高	中等	高	高	高	高
DNA 用量	2~10 μg	10~25 ng	25~50 ng	25~50 ng	2~5 μg	≥50 ng
放射性	通常是	不是	不是	不是	通常是	不是
实验周期	长	短	短	短	较短	短

（1）RFLP 标记

限制性片段长度多态性 RFLP（Restriction Fragment Length Polymorphism）是最早应用于图谱构建和基因定位的分子标记（Botstein et al.，1980）。它基于限制性内切酶酶切和分子杂交手段。基因组 DNA 限制性内切酶识别位点序列内出现点突变，或者识别位点间发生插入、缺失或其他重排，都会造成限制性片段数目和长度的变异。基因组 DNA 经限制性酶酶切产生各种长度的 DNA 片段，采用凝胶电泳技术，将大小不同的片段分离开，经 Southern 印迹转移到尼龙膜上，再与经放射性同位素或生化试剂（如地高辛、生物素等）标记的 DNA 探针杂交，通过自显影显示出与探针杂交的特定 DNA 片段。RFLP 标记是共显性标记，检测可靠性高，重复性好，特别适合于构建遗传连锁图谱。但 RFLP 需要大量的 DNA，且步骤复杂、费时费力。

（2）RAPD 标记

随机扩增多态 DNA（Random Amplified Polymorphic DNA）是在 PCR 基础上建立起来的一类 DNA 标记。RAPD 遗传学原理是：DNA 等位区域内因引物结合序列发生突变，使扩增子（两个反向聚合的引物靶序列）丢失，产生显性效应的 RAPD 标记。RAPD 标记以基因组总 DNA 为模板，一个（有时用两个）随机的短寡核苷酸序列（一般 10 个碱基）作引物。通过 PCR 反应，扩增出多个 DNA 片段，用凝胶电泳将这些片段分开，形成 DNA 的多态性。RAPD 程序简单，需 DNA 量极少，无放射性，实验设备简单，周期短，能分析大量样品，且无须知道目的 DNA 片段序列信息。这种技术不依赖种属特异性和基因组的结构，合成一套引物可以用于不同生物的基因组分析。但是，RAPD 技术较易受到各种因素的影响，技术重复性不高。

（3）SSR 标记

SSR 标记（Simple Sequence Repeat）是在动物和植物的基因组中均存在着由 1~4 个碱基对组成的简单重复序列，又称为微卫星。这种简单序列的重复次数存在多态性，并广泛分布于整个基因组中。SSR 两端有一段保守 DNA 序列，通过这段序列可以设计一对互补的寡聚核苷酸引物，对基因组 DNA 进行 PCR 扩增。SSR 扩增产物的 DNA 片段较小，一般用变性聚丙烯酰胺凝胶电泳或高浓度的琼脂糖电泳分离扩增产物。由于 SSR 多态性是由简单序列重复次数的差异引起的，通常表现为共显性。SSR 的标记具有多态性高、数量多、在基因组中分布均匀、重复性好、可靠性高、检测方便等优点。

（4）STS 标记

序列标记位点 STS（Sequence Tagged Sites）是有一段长度为 200~500bp 的序列所界定的位点，在基因组中只出现一次。任何单拷贝的多态性 DNA 序列都可以作为基因组的界标转化为 STS 标记。STS 一般为共显性标记，有时也表现为显性标记。它重复性好，可靠性高，容易在不同组合的遗传图谱间进行标记转移，但 STS 检测 DNA 多态性的效率低。

现在，将 PCR 扩增产物经不同的限制性酶酶切后再进行电泳，检测其多态性，将 STS 标记转化成 CAPS（Cleaved Amplification Polymorphic Sequences）标记。

（5）AFLP 标记

扩增片段长度多态性 AFLP（Amplified Fragments Length Polymorphism）是用 PCR 选择性扩增基因组 DNA 的限制性片段。基本步骤是将基因组 DNA 用限制性内切酶切割，然后将人工合成的双链接头连到酶切片段末端，再用与接头互补的特异引物进行 PCR 扩增，将扩增产物进行聚丙烯酰胺凝胶电泳，所用放射性或非放射性的引物由三部分组成：与人工接头互补的核心碱基序列；限制性内切酶识别序列；引物 3'端的选择性碱基，只有两段序列与选择性碱基配对的限制性片段才能被扩增。AFLP 是一种将 RFLP 和 PCR 相结合的分子标记，结合了两者的优点，简单、快速、稳定性好、多态性高、DNA 用量少等。不过 AFLP 试剂盒价格昂贵，配套仪器要求较高、实验步骤复杂。与 RAPD 一样，AFLP 是一种显性标记，而且在不同群体、不同实验室之间缺乏良好可比性。

（6）SNP 标记

单核苷酸多态性 SNP 标记（Single Nucleotide Polymorphism）是指基因组序列单个核苷酸差异而引起的遗传多态性。在大多数基因组中 SNP 具有较高频率（如人类基因组每 1.3 kb 即存在一个 SNP），覆盖密度大。鉴定 SNP 标记主要有两条途径：一是 DNA 测序；二是对已有 DNA 序列进行分析比较来鉴定，最直接的办法是设计特异引物对某特定区域进行 PCR 扩增，通过对扩增产物测序和遗传特征的比较来鉴定 SNP，大规模的 SNP 鉴定需要借助于 DNA 芯片技术。SNP 标记作为第四代 DNA 分子标记，由于其标记数目多，SNP 已经成为水稻研究领域的一个重要工具，利用基因组中高密度分布的 SNP 分子标记，可以进行功能标记的开发、遗传图谱的构建、分子标记辅助育种、图位克隆和功能基因组学、等位基因、物种进化等方面的研究工作。

（7）功能标记

功能标记（Functional Marker）是根据功能基因内部引起表型性状变异的多态性基序开发出来的。一旦遗传效应被定位在特定的功能性基序上，基于这种相关性发展的功能标记则不需要进一步验证就可以在不同的遗传背景下确定目标等位基因的有无。功能标记能够避免由于重组交换而产生的选择错误，在群体的目标基因检测时更加有效；功能标记的遗传效应值具有普适性，且可靠性高，对人工育种群体和自然群体均有效；由于来源于基因内部，直接反映目标性状的表现，可以准确的检测、跟踪功能位点的目标基因，在利用回交转移抗旱、高产等性状时，功能标记的应用可以更好地避免连锁累赘，其开发有助于推动育种中的分子标记辅助选择的应用和关联分析中基于候选基因策略的研究，而且有利于在种质资源中发掘有利基因。针对已经克隆的基因，产量相关基因 GS5、GW8、qGL3、GS3、垩白基因 Chalk5、高氮利用率基因 NRT1. 1B、水稻广谱抗稻瘟病基因 PigmR、Pita、Bsr-d1、耐低温基因 COLD1、抗旱基因 bHLH120 等大量水稻基因的功能标记已经被开发，应用于水稻育种工作。

二、遗传图谱

1. 染色体理论和连锁

孟德尔遗传的染色体学说认为，染色体作为遗传信息的载体，为核遗传的物质基础。Sutton WS 和 Boveri T 分别提出了遗传因子位于染色体上的理论，认为染色体是基因的载体，基因以线形排列在染色体上，一条染色体有很多基因。体细胞核内的染色体成对存在，一条来自雌亲，一条来自雄亲，每条染色体在个体的生命周期中均能保持其结构上的恒定性和遗传上的连续性，减数分裂过程中同源染色体的两个成员相互配对，随后又发生分离，走向细胞的两极，从而形成两个单倍体性细胞。在细胞减数分裂时，非同源染色体上的基因相互独立、自由组合，同源染色体上的基因产生交换与重组，交换的频率随基因间距离的增加而增大。位于同一染色体上的基因在遗传过程中一般倾向于维系在一起，而表现为基因连锁。它们之间的重组是通过一对同源染色体的两个非姊妹染色单体之间的交换来实现的。染色体的交换与重组是连锁图谱构建的理论基础。

2. 遗传连锁图谱

遗传连锁图谱是显示遗传标记或基因的相对位置，由遗传重组测验计算出来基因位点在染色体上的排列顺序。遗传连锁图是以基因连锁、重组交换值构建的图谱，图距为厘摩（cM），1%交换值为1cM。作图群体通常有 F_2、BC_1、DH 和 RIL。1980 年 Botstein 首先将 RFLP 标记用于遗传作图，定位人类疾病基因，开创了利用 DNA 变异作为遗传标记构建分子遗传连锁图谱的历史。连锁图谱制作的统计学原理是两点测验和多点测验。两点测验的依据是同一染色体上且相距较近的两个基因座位在分离后代中通常表现为连锁遗传。两点测验是最简单，也是最常用的连锁分析方法。如果涉及多个基因座之间的连锁关系，需要先进行两点测验，根据两点测验的结果，将那些基因座分成不同的连锁群，然后再对各连锁群（染色体）上的座位进行多点连锁分析。与两点测验一样，多点测验通常也采用似然比检验法。先对各种可能的基因排列顺序进行最大似然估计，然后通过似然比检验确定出可能性最大的顺序。两个基因座间距较大时，之间便可能在两处同时发生遗传物质的双交换，双交换实际频率往往少于由单交换概率相乘所得的理论值。水稻基因组大小 4.5 kb×105 kb，遗传图距 1 500 cM，约 300.0 kb/cM。一个基本的染色体连锁框架图大概要求在染色体上的标记平均间隔不大于 20 cM。如果构建连锁图谱的目的是进行主基因的定位，其平均间隔要求在 10~20 cM，需要 75~150 个标记。用于 QTL 定位的连锁图，其标记的平均间隔要求在 10 cM 以下，需要 150 个标记以上。如果构建的连锁图谱是为了进行基因克隆，则要求目标区域标记的平均间隔在 1 cM 以下。

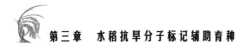

第二节　基因遗传定位方法

一、遗传定位群体

常用的作图群体根据其遗传稳定性可将它分为三大类：暂时性分离群体、永久性分离群体和近等基因系（或导入系）。暂时性分离群体，如 $F_{2,3}$ 和 BC 群体等容易获得，而且能提供丰富的遗传信息，可以同时估计加性效应和显性效应。但该群体中分离单位是个体，一经自交其遗传组成就会发生变化，很难进行多年多点重复试验。永久性分离群体，如重组自交系群体（Recombinant Inbred Lines，RIL）和加倍单倍体群体（Doubled Haploid Lines，DHL）等。这类群体中分离单位是株系，不同株系间存在基因型的差异，而株系内个体间的基因型是相同且纯合的。因此，可以进行重复区组试验，把区组效应、重复效应和随机误差分解开来，增加检测 QTL 的准确性。但是，构建 RIL 群体需要很长的时间。构建 DH 群体也受到基因型的限制，难度较大；此外，该群体不能估计显性效应。临时性分离群体和永久性分离群体在 QTL 定位方面存在共同的局限性，即对 QTL 的精确定位能力不强，对效应小的 QTL 检测能力有限，增加群体大小和分子标记数目也只能在一定程度上缓解这种局限性。近等基因系（Near-isogenic Lines，NIL）或导入系（Introgression Lines，IL），其基本特征是整个染色体组的绝大部分区域完全相同，只在少数几个甚至一个区段存在差异。因此，它能使基因组中只存在一个或几个 QTL 分离，消除其他背景干扰，并消除主效 QTL 对微效 QTL 效应的掩盖作用，极大提高了 QTL 定位的准确性。近等基因系和导入系对 QTL 分解和精确定位的独特优越性使其成为分离和克隆 QTL 的理想群体（徐云碧等，1994；Li et al.,

2005）。表 3-2 列出了不同作图群体的优缺点。

表 3-2　作图群体的比较

类型	F₂	BC₁	BIL	DH	RIL	NIL
群体形成	F₁自交个体	F₁回交后代	F₂自交回交后代	F₁花培	F₂自交单粒传后代	F₁回交自交后代
评价对象	个体	品系	品系	品系	品系	品系
准确度	低	低	高	高	高	最高
需群体大小	大	大	小	小	小	小
永久群体	否	否	是	是	是	是
分离比率	1:2:1	1:1	1:1	1:1	1:1	1:1
构建费用	低	低	高	中等	中等	高
构建时间	短	短	长	短	长	长

1. F₂群体

F₂群体即杂种二代群体，具有构建快、能提供最丰富的遗传信息等特点，应用 F₂群体，可以直接将加性效应和显性效应分解开，并给予比较。这个特点对于某些类型的研究，如杂种优势遗传机理的研究，尤为重要。但采用 F₂群体有两个主要局限性：第一，表型鉴定以单株为基础，对于遗传力低的农艺性状，QTL 的检测受到较大的影响。第二，它是暂时性群体，难以进行重复实验。一般而言，应用 F₂群体，只有效应较大和表达较稳定的 QTL 才能检测到。虽然可应用 F₃株系进行重复实验，但由于降低了显性效应，且各个株系本身又是一个分离群体，将导致遗传效应估算值的偏低和实验误差值的偏高。

2. BC₁群体

BC₁群体即回交一代群体，是一种暂时性群体，与 F₂群体相比，它只能检测到加性效应。因此 BC₁群体直接应用于 QTL 作图较少。但在研究某些特殊问题（如杂交不亲和）就需要利用回交群体。在这些研究中，一般也采用 DH 株系或重组自交系与亲本杂交来产生"永久"的BC₁群体。高代回交 QTL 分析就是在 BC₁ 的基础上继续回交数代，此时形成的群体再进行 QTL 分析。高代回交 QTL 分析能将 QTL 检测和育种应用结合在一起，已在普通野生稻 QTL 的定位和育种工作中显示了良好的应用前景。

3. DH 群体

DH 群体是将植株的花药进行离体培养，诱导产生单倍体植株，然后对染色体进行加倍产生的。花粉培养是产生单倍体的主要途径，单倍体经自然加倍或经秋水仙素处理加倍而成加倍单倍体。理论上，DH 群体具有配子随机性和遗传稳定性，并且在群体内出现超亲分离现象。DH 群体是通过 F_1 代花培产生，每个株系的遗传组成稳定，属于"永久性"群体，可以进行重复试验以减少性状鉴定的试验误差，因此对于某些易受环境影响的性状的分析尤为重要，可以种植于不同环境和不同年份，研究基因型和环境的互作效应。这种群体的图谱一旦构建，可以应用于后续的任何研究，还可以及时应用于新发展的标记提高图谱的覆盖面和饱和度，可以在不同的研究组之间共享，加快研究进程。DH 群体的遗传结构直接反映了 F_1 配子中基因的分离和重组，且基因型是纯合的，因此有利于 QTL 的精细定位。由于具有上述优点，DH 群体是进行基因作图的理想群体（徐云碧，1994），已在农作物 QTL 研究中得到广泛应用。但是 DH 群体也存在不足之处，即产生 DH 植株有赖于花培技术，且花培过程可能对不同基因型的花粉产生选择效应，从而破坏群体的遗传结构，造成较严重的偏分离现象，还有 DH 群体缺少杂合体，只能分析 QTL 的加性效应，这些都会不同程度地影响作图的准确性。

4. 重组自交系群体

重组自交系群体是经过连续多代自交产生的。该群体的遗传组成也是比较稳定的，具有上述永久性群体的优点，也广泛应用于农作物 QTL 研究。与 DH 群体一样重组自交系群体也缺少杂合体，只能分析 QTL 的加性效应，但由于多代自交使染色体的重组机会极大增加，RIL 群体中连锁基因之间的交换得到最充分的表现，因此应用 RIL 群体有利于将处于同一染色体区段的不同 QTL 分解开。RIL 的主要局限性在于构建群体需要很长的时间，并且容易产生严重的偏分离。

5. 近等基因系

近等基因系是指通过反复回交获得，是带有供体目标导入染色体片段而其他基因组成分与轮回亲本一致的株系。其他常用 QTL 分析群体中，整个基因组多个遗传因子同时发生分离，因此 QTL 定位结果必然受到遗传背景的干扰，虽然通过改进统计方法可以控制遗传背景，但是获得的 QTL 定位结果不可能达到很高的精确度，其遗传效应也不可能很准。近等基因系实际上是在相同的遗传背景下，将多个 QTL 分解成单个孟德尔因子，将数量性状转化为质量性状，从而可以进行精细的基因定位和图谱克隆（Yano M，1997）。

二、定位分析方法

1. 质量性状的定位分析

在分离群体中表现为不连续性变异能够明确分组的性状称为质量性状。质量性状通常受一个或少数几个主基因控制，不易受环境的影响。作物中许多重要的农艺性状如抗病性、抗虫性、育性、株高等都受到主基因的控制，因而常常表现为质量性状遗传的特点。然而，典型的质量性状其实并不很多，不少质量性状除了受少数主基因控制之外，还受到微效基因的影响，表现出某些数量性状的特点，使得有时无法明确地从表现型推断其基因型。分离体分组混合分析法（简称 BSA 法）是快速有效地寻找与质量性状基因紧密连锁的分子标记的主要途径。基于性状表现型的 BSA 法定位的基本思想是，在作图群体中，依据目标性状表型的相对差异（如感病与抗病），将群体的极端个体分成两组，然后分别将两组中的个体 DNA 混合，形成两个相对的 DNA 池。这两个 DNA 池间除了在目标基因座所在的染色体区域的 DNA 组成上存在差异之外，来自基因组其他部分的 DNA 组成是完全相同的，在这两个 DNA 池间表现出多态性的 DNA 标记，就有可能与目标基因连锁（图 3-1）。BSA 法获得连锁标记后，需要再回到分离群体上进行验证，同时也可估算出标记与目标基因间的图距。利用 BSA 法已标记和定位了许多重要的质量性状基因，如莴苣抗霜霉病基因（Michelmore et al., 1991）、水稻抗稻瘟病基因（朱立煌等，1994；Liang et al., 2019）、水稻抗旱性状 QTL（Salunkhe et al., 2011）等。

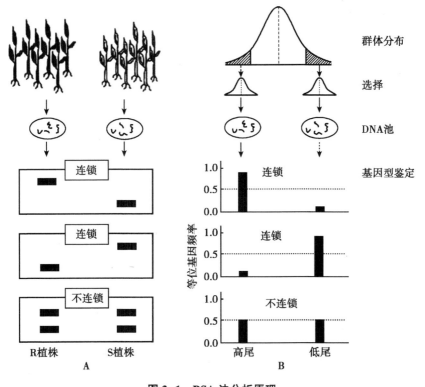

图 3-1　BSA 法分析原理

（徐云碧. 2014. 分子植物育种 [M]. 陈建国等，译. 北京：科学出版社）

2. 植物数量性状的定位分析

（1）QTL 定位方法

QTL 定位常用的作图方法主要有单标记分析法、区间作图法、复合区间作图法、混合线性模型法等。

单标记分析法 单标记分析法就是通过方差分析、回归分析或似然比检验，比较不同标记基因型数量性状均值的差异。如存在显著性差异，则说明控制该数量性状的 QTL 与标记连锁。单标记分析方法存在的缺点是不能确定标记是与一个 QTL 连锁还是与几个 QTL 连锁，无法确切估计 QTL 的位置，由于遗传效应与重组率混合在一起，导致低估了 QTL 的遗传效应，易出现假阳性、检测效率低、所需个体数较多等。

区间作图法 Lander and Botstein（1989）以正态混合分布的最大似然函数和简单回归模型，借助于分子标记连锁图，计算基因组的任一相邻标记之间的任一位置上存在 QTL 和不存在 QTL 的似然函数比值的对数（LOD 值）。区间作图法优点：能从支持区间推断 QTL 的可能位置，若一条染色体上只有一个 QTL，QTL 的位置和效应估计趋于渐进无偏，使 QTL 检测所需个体数减少。存在的问题：如与检验区间连锁的 QTL 会影响检验结果，每次检验仅用两个标记，其他标记的信息未加以利用等。

复合区间作图法 Zeng et al.（1994）发展了复合区间作图法，并将多元回归分析引入区间作图，实现了同时利用多个遗传标记信息对基因组的几个区间进行多个 QTL 的同步检验。它与区间作图法的主要区别是在极大似然分析中应用了多元回归模型，从而使一个被检测标记区间内任一点上的检测在统计上都不受该区间之外的 QTL 的影响。吴为人等（1996）给出了基于最小二乘估计的复合区间作图法，该方法在计算上比基于最大似然估计的方法简单和快速。复合区间作图法的主要优点是：仍采用 QTL 似然图来显示 QTL 的可能位置及显著程度，从而保留了区间作图法的优点；一次只检验一个区间，把对多个 QTL 的多维搜索降为一维搜索；假如不存在上位性和 QTL 与环境互作，QTL 的位置效应的估计是渐近无偏的；充分利用了整个基因组的标记信息；以所选择的多个标记为条件，在较大程度上控制了背景遗传效应，提高了作图的精确度和效率。复合区间作图法存在的主要问题有：不能分析上位性及 QTL 与环境互作等复杂的遗传学问题；为了保证检验统计量有一定的自由度，需要从大量的标记中筛选一部分有效的标记，而筛选时采用的显著性水平以及筛选的方法均会对定位结果产生影响；由于拟合在模型中的标记会吸收其附近的 QTL 的效应，复合区间作图法需要为检验的区间开辟一个窗口，窗口内的标记不能拟合在模型中。

混合线性模型复合区间作图法　朱军（1998）提出了包括加性效应、显性效应及其与环境互作效应的混合线性模型复合区间作图方法。该方法把群体均值、QTL 的各项遗传主效应（包括加性效应、显性效应和上位性效应）作为固定效应，而把环境效应、QTL 与环境互作、分子标记效应及其与环境互作效应作为随机效应，将效应估计与定位分析结合起来，进行多环境下的联合 QTL 定位分析，提高了作图的精度和效率。如果在多环境下实施遗传实验，表型值（P）可分解为 $P=\mu+G_Q+E+G_QE+G_M+G_ME+\varepsilon$。其中群体均值（$\mu$）和 QTL 主效应（$G_Q$）是固定效应，环境效应（$E$）和 QTL×环境互作效应（$G_QE$）、分子标记效应（$G_M$）及其与环境互作效应（$G_ME$）和机误效应（$\varepsilon$）都是随机效应。采用最大似然法可估计 QTL 效应值。随机效应采用混合线性模型的方法无偏预测。由此，可有效地直接分析 QTL 的遗传主效应及 QTL×环境互作效应。根据这一原理，Wang et al.（1999）和 Yang et al.（2008）开发了可以分析包括加性和加×加上位性的各项遗传主效应及其与环境互作效应的计算机软件 QTLMapper 和 QTLNetwork，适于分析 DH、RIL、F_2 和 BC 等群体。与基于多元回归的复合区间作图法相比，用混合线性模型方法进行 QTL 定位可避免所选标记对 QTL 效应分析的影响，还能无偏地分析 QTL 与环境的互作效应，把标记效应作为随机效应，克服了把标记效应作为固定效应时用回归方法进行标记筛选可能出现的问题。

QTL 动态分析　发育遗传研究表明，基因表达有一定的时序性和选择性，任何性状的发育都是一组相关基因在时空上有序表达的结果。吴为人等（1997）提出了动态定位或与时间有关的 QTL 定位（Time-related QTL mapping）。动态性状 QTL 定位方法一般分三类（Yang et al.，

2006)，一是将不同时间点表型观测值（或时间间隔表型观测值增量）视为相同性状的重复测定值，在重复观测值框架下依次分析该性状；二是将不同时间点观测值视为不同性状，由多变量方法分析该性状；三是拟合时间点与表型观测值的数学模型，用多变量方法分析模型参数。朱军提出的条件 QTL 分析能有效检测到（$t-1$）到 t 时段内 QTL 的表达，从而提供发育性状基因表达时空方式的信息。条件 QTL 定位法已经在水稻、玉米和小麦等作物上得到广泛的应用（石春海等，2001；严建兵，2003；Qu et al.，2008）。

（2）影响 QTL 定位的因素

数量性状的定位精确度受标记密度、分离群体类型、分析方法、环境和遗传背景等多种因素的共同影响。作图群体大小通常在 100~400 个株系。对多数物种的标记个数要求为 100~150，均匀分布在染色体组上，当平均每 20 cM 有一个标记时，增加群体株系数比增加标记数对提高 QTL 的定位准确性更加有利（Lander et al.，1989）。QTL 的精确定位需要利用近等基因系构建次级分离群体。定位的精度在很大程度上取决于分离群体重组事件的信息量，因此从理论上讲，群体越大，等位基因分离越彻底，检测 QTL 的能力越强，利用近等基因系把 QTL 分解成为单个孟德尔因子，实现 QTL 的精确定位。不同发育阶段数量基因的表达容易受到其他基因及环境互作的影响。发育阶段关联的 QTL 动态定位能揭示 QTL 的动态表达，提高定位的效率，使我们更深入了解数量性状的遗传基础。环境对数量性状的影响很大，一方面是由于数量性状表型的可塑性或者是 QTL 针对不同环境条件而产生的基因表达水平上的差异造成的，即 QTL 与环境的互作；另一方面，可能是由于 QTL 的微效性容易受到外界因素的干扰而产生的实验误差，这种影响并不代表 QTL 与环境间的互作。因此，分析 QTL 与环境的互作既有利于我们揭示在不同环境条件下稳定表达的 QTL，也可以发现适应某些特殊环境条件的 QTL，为作物的遗传改良奠定基础。为了减小外界因素的干扰，真实地反映 QTL 与环境间的互作，可以建立近等环境，即除目标环境因素存在较大差异外，其他环境因素尽可能保持一致。另外要充分利用多环境的信息，将多环境下的数据进行联合分析，获得更多的 Q×E 互作的信息。遗传背景的影响。由于与 QTL 互作的位点发生改变引起的，也可能是不同性状相关基因间的相互作用。

（3）数量性状的精细定位与克隆

随着水稻、玉米、小麦等作物测序的完成，对控制产量、品质和抗逆性等重要性状精细定位和克隆已经成为生物学研究的热点。在 F_2、BC_1、DH、RIL 群体，多个 QTL 同时发生分离，并相互影响，遗传分辨率低，不能准确评价每个 QTL 的效应和精确位置。精细定位必须将 QTL 分解为单个的孟德尔因子，即构建目标 QTL 的近等基因系，在次级群体中由于不存在其他 QTL 的分离，群体中的表型变异完全是由目标 QTL 的分离引起的，结合分子标记和表型数据就可以对目标 QTL 进行精细定位。

精细定位需要两个前提，一是目的基因控制的性状要准确鉴定，目的基因控制的性状在分离群体中表现 3∶1 分离，单基因控制；二是大小合适的定位群体，群体越大，基因分离越彻底，定位的精度越高。但定位群体太大，费时、费力，增加费用。目前精细定位主要采用两种方法：第一种是分子标记侧翼逼近法。先用两个分子标记将目的基因卡在一个较大的区间，接着用这两个标记筛选隐性定位群体中具有配子重组交换型的单株，然后将这些配子发生重组交换的单株做定位群体，继续进行基因精细定位，从而提高基因定位的速度。这种方法对于不同性状的定位发展出两种不同的做法，对于性状容易观察的基因一般采用从性状到基因型的做法，即先鉴定基因的性状，获得隐性定位群体后再按此法定位；对于复杂性状、不易直接观察的性状则采取完全相反的做法，就是先通过与目的基因紧密连锁的分子标记筛选定位群体，获得配子重组交换型的单株后，将这些单株作为定位群体继续定位，因而只需鉴定这些单株目的基因的纯杂性和重组单株的性状，减少了性状鉴定的工作量，提高了定位的效率。第二种是 QTL 的精细定位。首先利用平衡群体定位 QTL，再利用与 QTL 紧密连锁的标记进行分子辅助选择和回交构建 QTL 近等基因系，将 QTL 分解为单个孟德尔因子，然后再精细定位。水稻抽穗期的多个 QTL 就是利用这个方法被精细定位和克隆的（Lin et al.，1998；Lin et al.，2000），但这种方法十分耗时、费力。为了解决这一难题，Tanksly 在 1996 年提出高代回交 QTL 分析法（Advanced backcross QTL analysis，AB-QTL），将 QTL 的分析与 QTL 近等基因系的构建结合起来，创造出一种有效的精细定位 QTL 的方法。AB-QTL 是将 QTL 分析延迟到 BC_2 或 BC_3 世代。高代回交 BC_2 或 BC_3 世代群体不仅能有效的检测 QTL，而且在 QTL 分析后只要 1~2 世代就可获得 QTL 近等基因系，从而极大加速了进程。

（4）关联分析在数量性状研究中的应用

数量性状基因的发掘一般采用连锁分析和连锁不平衡分析两种方法，连锁分析利用两个材料的分离群体，而连锁不平衡分析则利用自然群体，可以从大量遗传材料里面发掘更多的优异基因和等位变异。随着水稻基因组测序的完成，大量 SNP 标记的开发以及生物信息学的迅猛发展，应用关联分析方法发掘植物数量性状基因已成为研究的热点之一，尤其是在大规模种质资源优异基因发掘中具有较好的应用前景。连锁不平衡是不同基因座位上等位基因的非随机组合。当位于某一座位的特定等位基因与同一条染色体另一座位的某一等位基因同时出现的概率大于群体中因随机分布而使两个等位基因同时出现的概率时，就称这两个座位处于 LD 状态。一般认为连锁不平衡来自驯化过程中的自然选择和人工选择，它与进化历史和重组事件的发生密切相关（Hagenblad et al.，2002）。当 LD 很小时，容易实现精细作图的目标，但这时需要更多的 SNP 标记才能检测到与表型的关联关系。

关联分析是以连锁不平衡为基础，鉴定自然群体中目标性状与遗传标记或候选基因关系的分析方法。目前关联分析主要有两个策略：全基因组水平的扫描和候选基因分析。关联分析的基本步骤：第一步，种质材料的选择。为了能够检测到最多的等位基因，材料应包括尽可能多的遗传变异，核心种质是进行关联分析的最佳选择。第二步，群体结构分析。第三步，目标性状的选择及表型鉴定。第四步，关联分析。分析了种质材料的群体结构、标记间 LD 水平和目标性状的表型数据后，即可运用 TASSEL 软件、ANOVA 等方法进行关联分析。与连锁分析相比，关联分析优点有：以现有的自然群体为材料，无须构建专门的作图群体，花费的时间少；广度大，可以同时检测同一座位的多个等位基因；精度高，可达到单基因的水平。

全基因组的关联分析对拟南芥开花基因 *FRI* 和抗病基因 *Rpm*、*Rps5* 和 *Rps2* 的研究，验证了关联分析的有效性（Aranzana et al.，2005）。候选基因关联分析最早应用于人类遗传学的研究，在植物方面 Thornsberry et al.（2001）首次利用关联分析发现玉米 *dwarf8* 基因不仅影响株高，更重要的是该基因的几个多态性位点与玉米开花期的变异显著相关。Whitt et al.（2002）和 Wilson et al.（2004）分析了淀粉代谢途径的 6 个关键酶基因 *sh1*、*sh2*、*bt2*、*wx1*、*ae1* 和 *su1* 的核苷酸多态性及 LD 程度，在此基础上的关联分析发现 6 个基因中有 4 个与籽粒成分和淀粉糊化特性显著相关。韩斌等（2010）对 500 余份栽培稻地方品种基因组测序，构建出一张高密度的水稻单倍体型图谱，并对籼稻的 14 个农艺性状进行了全基因组关联分析，确定了相关基因的候选位点。2018 年由中国农业科学院牵头，联合国际水稻研究所、上海交通大学、华大基因等多家单位对 3 010 份洲栽培稻种质资源进行大规模的基因组重测序，分析水稻起源、分类和驯化规律，并利用基因组的 SNP 和 PAVs 数据及重要农艺性状数据进行关联分析，挖掘水稻有利基因。

连锁分析和关联分析都有其优势和局限性，将两者的优势互补结合，借助基因组测序、转录组、蛋白组、代谢组等高通量数据，再进行分子标记辅助育种、转基因育种或基因编辑育种（图 3-2），必将极大加速水旱稻抗旱基因的挖掘及育种利用。

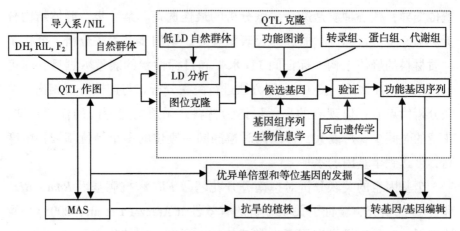

图 3-2 发掘、克隆和利用抗旱基因的途径

第三节 水稻抗旱性相关的 QTL

一、根系性状的 QTL 定位

根系是植物的主要吸水器官，作物建立发达的根系以躲避干旱土壤层或提高吸收土壤水分的竞争力是避旱的一种重要而有效的机制（Ekanayake et al., 1985）。旱稻品种一般表现根长且粗，根数少，而抗旱性差的水稻一般表现根短、细，但是根数较多（凌祖铭等，2002）。根系穿透力、根系生长结构、根茎比和发根力等性状两种类型也存在显著差别，并且根基粗、根长等性状的遗传力较高（穆平等，2003），因而通过改良根系性状可以促进耐旱水稻品种的有效选育。根系性状的生长除受作物本身的遗传因素控制外，在很大程度上还受到外界环境条件以及基因与环境互作的影响（Li et al., 2005）。李俊周（2009）利用以旱稻品种 IRAT109 为供体亲本，水稻品种越富为轮回亲本的 271 份导入系及其亲本为材料，在水培、水田和旱田栽培环境下调查根系，研究根系性状在不同环境条件下的表达

特点，从旱稻中发掘在不同条件下稳定表达的根系性状 QTL 及其紧密连锁的分子标记，促进耐旱水稻品种的分子辅助选育。

利用不同水分环境根数、根基粗和最长根长的数据进行相关分析，结果见表 3-3。在相同地点，根数和根基粗水田与旱田之间成正比。在相同的水分条件下，根基粗在北京和海南的表型值成正比，根数在北京、海南两地的表型值相关性不显著。水培环境的最长根长与水田、旱田和水培环境的根基粗都呈正比（海南水田除外）。根基粗在水培与旱田环境的表型值之间呈正相关，但是水培环境的根基粗与水田的根基粗相关性不显著。总的来说，根数受环境影响比较大，变化比较复杂。根基粗与最长根长呈正相关，根基粗在不同水分环境比较稳定，利用根系性状的 QTL 可以改良抗旱性。

表 3-3　根数、根基粗和最长根长在水旱田和水培环境的相关系数

性状	环境	根数				根基粗				
		E1	E2	E3	E4	E1	E2	E3	E4	E5
根数	E2	0.15*								
	E3	0.02	0.07							
	E4	-0.02	0.05	0.17**						
根基粗	E1	0.03	-0.05	-0.08	0.04					
	E2	-0.06	-0.01	-0.01	-0.06	0.27**				
	E3	-0.04	0.01	-0.09	0.01	0.36**	0.14*			
	E4	0.06	0.12*	0.04	0.06	0.22**	0.23**	0.27**		
	E5	-0.07	0.01	-0.07	-0.03	0.09	0.15*	0.04	0.20*	
最长根长	E5	0.03	0.06	0.05	0.00	0.15*	0.19**	0.02	0.15*	0.36**

E1：北京水田；E2：北京旱田；E3：海南水田；E4：海南旱田；E5：水培环境。

1. 根基粗、根数和根长的 QTL

根基粗 5 个环境共检测到 20 个 QTL，分布在水稻基因组的 10 条染色体上（表 3-4，图 3-3）。北京检测到 14 个 QTL，其中水田检测到 10个，旱田检测到 3 个，水培环境检测到 1 个。海南环境检测到 9 个 QTL，其中 3 个 QTL 在北京、海南两地共同检测到。根据这些 QTL 在水田、旱

表3-4 控制根数、根基粗和最长根长的 QTL

性状	环境	北京						海南					
		QTL	标记	染色体	P	贡献率(%)	效应	QTL	标记	染色体	P	贡献率(%)	效应
根数 RN	水田	qRN3a	RM6987	3	0.0000	8	2.65	qRN2a	RM6911	2	0.0044	3	1.57
		qRN5a	RM405	5	0.0005	4	2.29	qRN2b	RM266	2	0.0043	3	1.4
		qRN5b	RM3809	5	0.0005	4	1.26	qRN4b	RM1112	4	0.0000	10	3.12
		qRN6	RM225	6	0.0000	6	1.2	qRN7c	RM445	7	0.0014	4	2.12
		qRN8a	RM3496	8	0.0000	6	1.86	qRN7b	RM432	7	0.0006	5	2.09
								qRN9	RM410	9	0.0001	6	1.93
								qRN12a	RM7619	12	0.0000	10	3.85
								qRN12b	RM1246	12	0.0016	4	2.84
	旱田	qRN2a	RM6911	2	0.0000	6	1.25	qRN3b	RM6832	3	0.0015	4	1.01
		qRN3a	RM6987	3	0.0068	3	1.38	qRN4a	RM3785	4	0.002	4	1.05
		qRN4a	RM3785	4	0.0074	3	0.89	qRN6	RM225	6	0.0029	3	0.89
		qRN6	RM225	6	0.0022	4	0.86	qRN7c	RM445	7	0.0008	4	1.34
		qRN7a	RM418	7	0.0000	6	1.28	qRN8b	RM1295	8	0.0003	5	2.52
		qRN7b	RM432	7	0.005	3	1.62						
根基粗 BRT	水田	qBRT2	RM6911	2	0.0038	3	-0.02	qBRT3c	RM3513	3	0.0028	3	0.02
		qBRT3a	RM2334	3	0.0043	3	0.01	qBRT7a	RM566	9	0.0003	5	0.04
		qBRT3b	RM6987	3	0.0000	6	-0.04	qBRT7b	RM7048	9	0.0006	4	0.04
		qBRT4a	RM3474	4	0.0003	5	-0.05	qBRT7d	RM278	9	0.0026	3	0.04
		qBRT7a	RM432	7	0.0022	3	-0.03	qBRT10a	RM216	10	0.0002	5	-0.04
		qBRT7b	RM8249	7	0.0021	3	-0.03						

（续表）

性状	环境	北京						海南					
		QTL	标记	染色体	P	贡献率（%）	效应	QTL	标记	染色体	P	贡献率（%）	效应
		qBRT9a	RM566	9	0.0002	5	0.03						
		qBRT9b	RM7048	9	0.0004	5	0.03						
		qBRT9c	RM215	9	0.0002	5	-0.02						
		qBRT12	RM7619	12	0.0010	4	-0.03						
	旱田	qBRT1a	RM259	1	0.0018	4	-0.03	qBRT1b	RM582	1	0.0006	4	0.04
		qBRT4b	RM6997	4	0.0057	3	-0.02	qBRT1c	RM493	1	0.0002	5	0.06
		qBRT5a	RM430	5	0.0002	5	0.04	qBRT3a	RM2334	3	0.0002	5	0.02
	水培	qBRT5b	RM5642	5	0.0074	3	0.02	qBRT8	RM1295	8	0.0000	6	0.07
最长根长 MRL	水培	qMRL1a	RM9	1	0.0009	4	0.48						
		qMRL1b	RM1198	1	0.0011	4	0.47						
		qMRL3	RM6987	3	0.0003	5	0.61						
		qMRL4	RM5953	4	0.0006	4	-0.46						
		qMRL5	RM5642	5	0.01	2	0.31						
		qMRL11a	RM21	11	0.0021	4	0.56						
		qMRL11b	RM224	11	0.0047	3	0.39						

注：P 表示该标记对表型没有影响的概率；效应正值表示 IRAT109 的等位基因增加表型；双划线标记表示 QTL 在北京海南两地检测到；下划线表示 QTL 在水、旱田都检测到。

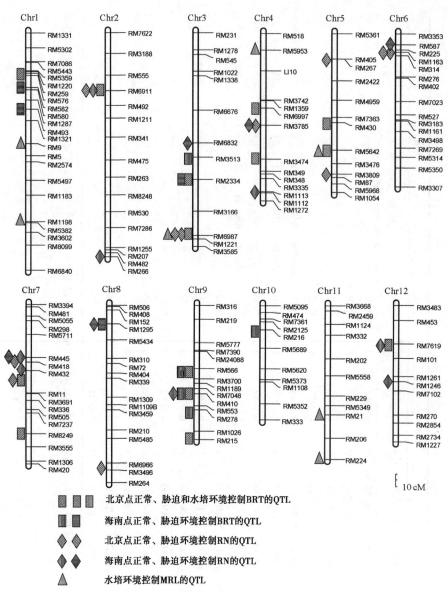

图3-3 控制根系性状的 QTL 在染色体上的分布

田胁迫环境的不同表达方式，可以分为三类。第一类是只在水田检测到的 QTL，包括 12 个，其中 *qBRT9a* 和 *qBRT9b* 在两个地点检测到，对表型的平均贡献率分别为 5% 和 4.5%，来自 IRAT109 的等位基因增加根基粗。第二类是只在旱田检测到的受干旱胁迫诱导的 QTL，包括 *qBRT1a*、*qBRT4b*、*qBRT5a*、*qBRT1b*、*qBRT1c* 和 *qBRT8*。第三类是在水田和干旱条件下均被检测到的 QTL，包括 *qBRT3a*，来自 IRAT109 的等位基因增加根基粗，干旱诱导其 QTL 效应增加，贡献率提高。

根数在两地共检测到 17 个 QTL，北京检测到 9 个，海南检测到 12 个，分布在除第 1、10 和 11 的 9 条染色体上。其中水田 13 个，旱田 9 个。*qRN2b*、*qRN4b*、*qBN5a*、*qRN5b*、*qRN8a*、*qRN9*、*qRN12a*、*qRN12b* 8 个 QTL 属于第一类 QTL，只在水田表达；*qRN4a*、*qRN3b*、*qRN7a*、*qRN4a* 和 *qRN8b* 5 个 QTL 属于第二类，受干旱诱导表达的 QTL，并且 *qRN4a* 在北京、海南两地共同检测到。第三类水、旱田共同表达的 QTL 包括 *qRN2a*、*qRN3a*、*qRN6*、*qRN7b* 和 *qRN7c*。所有控制根数 QTL 的增效等位基因都来自 IRAT109。

在第 1、3、4、5 和 11 染色体上检测到控制最长根长的 6 个 QTL，对表型的贡献率为 2%~5%，除 *qMRL4* 外其他 5 个 QTL 的增效基因都来自 IRAT109。

在 3 环境下共检测到 43 个控制根数、根基粗和最长根长的 QTL，借助相同的 SSR 标记和比较图谱，与相同亲本越富和 IRAT109 构建的 DH 群体和 RIL 群体的结果比较，15 个 QTL 相对稳定，能在不同环境和群体里面重复检测到。包括 9 个根基粗 QTL（*qBRT1a*、*qBRT1c*、*qBRT3a*、*qBRT5a*、*qBRT7a*、*qBRT10a*、*qBRT9a*、*qBRT9b* 和 *qBRT12*），4 个根数的 QTL（*qRN2b*、*qRN2b*、*qRN6* 和 *qRN7a*）和 2 个最长根长的 QTL（*qMRL1a* 和 *qMRL3a*）。如第 1 染色体 RM259 标记附近控制根基粗的 QTL *qBRT1a* 在 Li et al.（2005）和 Quet et al.（2008）的研究中同一位置也被发现。

这 15 个不同环境稳定表达的 QTL 在其他前人的研究中也被发现，例如第 9 染色体 RM566-RM410 区间是控制根基粗 *qBRT9a* 和 *qBRT9b* 相邻分布区域，Champoux et al.（1995）在 Co39/Moroberekan 群体，Zhang et al.（2001）在 CT9993/IR62266 群体，MacMillan et al.（2006）在 Bala/Azucena 群体在相近位置也发现控制根基粗的 QTL。同时发现 8 个控制根系相关性状 QTL 集中分布区域，分别是第 1 染色体 RM5359-RM580，第 2 染色体 RM6911-RM492，第 3 染色体 RM6832-RM2334 和 RM6987-RM1221，第 4 染色体 RM6997-RM3785，第 6 染色体 RM587-RM314，第 7 染色体 RM445-RM11，第 9 染色体 RM566-RM410，这些染色体区域都控制 2 个或者 2 个以上的根系相关性状，并且在多个研究中被发现，特别是第 9 染色体在多个研究中发现这一区域是根系性状 QTL 的热点区域。

2. QTL 导入系的评价

分别从群体选择 3 个根数、根基粗和最长根长的极端系（表 3-5）。极端系与背景亲本越富相比，水田根数平均增加 27.05%，根基粗平均增加 9.11%；旱田根数平均增加 60.74%，根基粗平均增加 13.39%。水培最长根长增加 10.7%～12.4%，而除目标性状外，其他性状与背景亲本越富差别不大。9 个极端系的平均抗旱系数与越富相比提高了 21.10%，表示根系相关性状的改良能改善水稻抗旱性。从极端系的导入片段数和包含的 QTL 位点来看，极端系的平均导入片段数为 5.9，QTL 位点为 5.3。同低值极端系相比，高值极端系具有较多的导入片段与 QTL 位点。这暗示根系性状都是复杂的数量性状，单个基因位点效应比较小，只有多个抗旱 QTL 位点的聚合才能培育出根系优良、抗旱性强的品系。

表 3-5 极端性状系的表型与基因型

性状	导入系	片段数	QTL	根数		根基粗		最长根长	抗旱系数
				水田	旱田	水田	旱田		
根数	IL90	3	-qBRT2, qRN2a, qRN4b, qRN5b	26.04 **	16.67 **	1.20	1.04	12.73	0.73
	IL193	5	-qBRT2, qRN2a, qRN5b, qRN4a, qRN6, qRN7a	24.58 **	16.76 **	1.21	1.10	11.18	1.00
	IL244	8	qMRL1a, qMRL11a, qMRL11b, qRN2b, qBRT3a, qRN6	23.02 **	18.89 **	1.30	1.07	13.56	0.76

（续表）

性状	导入系	片段数	QTL	根数		根基粗		最长根长	抗旱系数
				水田	旱田	水田	旱田		
根基粗	IL392	5	*qBRT3a*, -*qRN3b*, *qBRT3c*, *qRN6*, *qBRT9a*, *qBRT9b*	22.46	13.36	1.44**	1.25**	11.10	0.50
	IL169	8	*qBRT3c*, *qBRT3a*, *qBRT9a*, *qBRT9b*, *qBRT1b*, *qMRL11b*, *qRN2b*	22.55	10.55	1.39**	1.27**	11.46	0.90
	IL153	9	*qBRT3a*, *qBRT3c*, *qRN5b*, *qBRT5b*, *qMRL5*, *qBRT5a*, *qRN6*	18.24	12.07	1.36**	1.29**	13.66	0.82
最长根长	IL426	4	-*qBRT10*, *qRN12b*	21.90	9.88	1.31	1.15	14.31*	0.62
	IL390	8	*qMRL1b*, *qMRL11a*, *qMRL11b*, *qBRT3c*, *qRN3b*, *qBRT9a*	14.25	12.67	1.26	1.04	14.53**	0.78
	IL167	3	*qMRL1b*, *qMRL11a*, *qMRL11b*, *qBRT5a*	18.39	12.64	1.29	1.12	14.53**	0.62
	越富			19.32	10.85	1.28	1.12	12.93	0.59

注：QTL 负值表示来自越富的等位基因增加表型。

根据 QTL 定位结果，从导入系群体筛选各个性状的单片段导入系（表 3-6），导入系 QTL 的增效基因都来自旱稻 IRAT109。从根数的导入系来看，IL320 含有 QTL *qBN2a*，水、旱田根数为 23.95 和 14.27，比背景亲本越富根数增加 19.33% 和 31.52%。系 IL321 含有 QTL *qBN6*，IL232 含有 *qBN7a* 和 *qBN7b*，但是其水田根数却低于越富，旱田根数比越富增加 46.36% 和 44.52%，说明干旱胁迫能促进控制根系 QTL 效应的增加。从根基粗目标导入系来看，导入系 IL285 含有 QTL *qBN3a* 和 *qBN3c*，*qBN3a* 在水、旱田都检测到，其目标导入系在水、旱田的根基粗分别为 1.39 和 1.19，比越富增加 8.59% 和 6.25%。*qBN9a* 和 *qBN9b* 都只在水田表达，其目标导入系水田的根基粗显著大于越富，而旱田根基粗只略大于越富。暗示根基粗的 QTL 多数是特异表达的，只在特定环境下起显著作用。从最长根长目标导入系来看，3 个导入系水培条件下的最长根长都显著大于越富。这些导入系都是单片段导入系，为进一步研究根系性状的图位克隆和生理生化奠定基础。

表 3-6　目标导入系的表型和基因型

性状	导入系	染色体	QTL	区间	根数		根基粗		最长根长	抗旱系数
					水田	旱田	水田	旱田		
根数	IL320	2	qBN2a	RM555-RM492	23.95 **	14.27 **	1.24	1.02	13.39	0.46
	IL321	6	qBN6	RM3353-RM1163	17.28 **	15.88 **	1.28	1.15	13.65	0.84
	IL232	7	qBN7a, qBN7b	RM418-RM432	18.02 **	15.68 **	1.24	1.00	13.04	0.60
根基粗	IL285	3	qBRT3a, qBRT3c	RM3513-RM2334	20.15	12.52	1.39 **	1.19 **	13.59	0.65
	IL177	9	qBRT9a	RM566-RM3700	18.79	10.65	1.37 **	1.13	12.86	0.66
	IL388	9	qBRT9b	RM1189-RM7048	13.57	12.16	1.32 **	1.10	12.35	0.83
最长根长	IL199	3	qMRL3	RM3166-RM6987	22.46	12.53	1.31	1.08	13.38 **	0.67
	IL181	11	qMRL11a	RM229-RM206	18.49	13.00	1.28	1.01	13.66 **	0.86
	IL9	11	qMRL11a	RM5349-RM21	16.53	14.99	1.14	1.08	13.43 **	0.60
	越富				19.32	10.85	1.28	1.12	12.93	0.59

二、产量性状的 QTL 定位

植物的抗旱性非常复杂，受众多形态组织、生理生化性状的共同影响。多数性状都是数量性状，受多个基因/QTL 共同控制（Li et al.，2003）。产量是评价抗旱性的最终指标。产量相关性状都有很强的上位性效应，并受环境的影响而表现不同的基因型×环境互作效应（Ma et al.，2007）。干旱环境下作物产量的改良，可通过产量 QTL 的直接选择，或间接通过产量组分性状有利 QTL 的聚合来实现。导入系只含有一到几个供体染色体片段，非常适合于分子设计育种（万建民等，2006）。以旱稻 IRAT109 的导入系群体为材料，通过水田、旱田种植条件，分析不同水分胁迫对产量性状的影响，定位控制产量及其构成因素的 QTL，揭示这些性状的加性效应、上位性效应及其与环境的互作效应。明确水分胁迫条件下产量性状 QTL 的互作模式，发掘在不同环境条件下稳定表达的 QTL 位点，从而为抗旱 QTL 的精细定位、克隆及分子辅助育种奠定基础。

抗旱亲本 IRAT109 旱田与水田的单株产量没有明显差别（表 3-7），

敏旱亲本越富旱田单株产量显著低于水田。水分胁迫造成 IRAT109 千粒重、穗粒数的减少，而有效穗数、结实率均为旱田高于水田。干旱造成敏旱亲本越富所有性状的降低。水田环境越富的有效穗数较多，IRAT109 具有较高的千粒重和穗粒数。干旱胁迫条件下，IRAT109 的千粒重、穗粒数、结实率和单株产量都优于越富。因此旱稻 IRAT109 旱田产量高于水田主要是通过胁迫环境下有效穗数、结实率的提高和千粒重、穗粒数维持在较高的水平来实现。各产量相关性状在不同导入系、水分条件、地点间均存在极显著差异，产量各相关性状易受环境的影响。

表 3-7 水旱田条件下导入系群体及亲本产量性状均值和变化范围

性状	地点	栽培方式	亲本		导入系群体		
			越富	IRAT109	均值±标准差	范围	变异系数（%）
有效穗数	北京	水田	12.10	7.40	12.59±1.74	8.70~19.60	13.84
		旱田	11.60	10.00	10.17±2.03	5.40~18.88	19.98
	海南	水田	10.50	5.70	10.89±1.69	6.70~15.80	15.55
		旱田	10.10	6.60	8.86±1.81	4.40~14.60	20.48
穗粒数	北京	水田	115.74	125.07	112.22±12.43	79.54~153.18	11.07
		旱田	98.33	112.44	115.36±14.44	69.39~173.37	12.52
	海南	水田	75.73	101.06	73.59±9.41	51.64~107.81	12.78
		旱田	54.92	84.34	56.37±8.23	37.28~98.54	14.60
结实率（%）	北京	水田	91.84	78.40	85.65±5.95	55.14~96.00	6.96
		旱田	68.91	81.26	80.30±7.88	40.94~94.38	9.82
	海南	水田	87.24	87.36	88.99±6.87	14.18~97.46	7.73
		旱田	76.89	92.77	80.90±9.34	42.57~95.20	11.54
千粒重（g）	北京	水田	22.01	30.25	21.61±1.18	16.26~25.40	5.48
		旱田	20.41	29.83	19.39±1.87	9.94~24.70	9.64
	海南	水田	23.68	35.81	23.99±1.06	21.41~27.54	4.41
		旱田	22.33	30.40	21.04±1.41	16.50~24.50	6.73
单株产量（g）	北京	水田	30.74	28.48	30.40±5.24	18.56~56.87	17.23
		旱田	19.71	30.36	20.18±4.11	8.32~34.11	20.36
	海南	水田	19.82	19.42	17.99±3.14	9.33~27.75	17.48
		旱田	10.84	16.83	9.51±2.54	4.18~18.26	26.76

对产量相关性状在不同环境下的表现进行相关分析（表3-8），各性状在相同地点干旱和对照之间的表型值都有显著或极显著正相关（$r=$ 0.122~0.427），有效穗数和结实率在北京旱田和海南水田、海南旱田的表型值之间都呈显著或极显著正相关，千粒重在北京水田和海南水田、旱田的表型值之间呈极显著和显著正相关。有效穗数、结实率和千粒重相对稳定，而穗粒数和单株产量稳定性较差。各性状在不同环境的平均值相关分析表明，单株产量与有效穗数、千粒重、穗粒数和结实率均呈显著或极显著正相关，千粒重与结实率呈极显著正相关，而有效穗数与千粒重呈极显著负相关，水、旱环境条件下产量相关性状表现相互关联制约。

表3-8 产量相关性状不同环境间的相关系数

	有效穗数	穗粒数	结实率	千粒重	单株产量	均值
E1×E2	0.17**	0.25**	0.12*	0.31**	0.14*	0.20
E1×E3	0.02	0.07	0.06	0.19**	0.09	0.07
E1×E4	0.01	-0.00	0.03	0.14*	-0.03	0.03
E2×E3	0.13*	0.11	0.20**	0.09	0.09	0.14
E2×E4	0.12*	0.07	0.16*	0.07	0.07	0.11
E3×E4	0.12*	0.26**	0.34**	0.43**	0.43**	0.32

E1 北京水田；E2 北京旱田；E3 海南水田；E4 海南旱田。

1. 穗数、穗粒数、结实率、千粒重和产量的 QTL

（1）加性 QTL

表3-9和图3-4所示，有效穗数检测到2个加性效应 QTL，分别位于第2和第3染色体上，其贡献率分别为5.33%和8.99%，增效基因都是来自越富，没有检测到 QTL 与环境的互作。穗粒数检测到2个加性 QTL（$qGN6$ 和 $qGN9$），分别位于第6和第9染色体上，其加性效应贡献率分别为0.31%和1.12%，增效基因都是来自旱稻 IRAT109。其中 $qGN9$ 还检测到显著的 AE 效应，分别存在于 E1 和 E2 环境中，效应分别为 1.713 和 -1.482，AE 效应对表型变异的贡献率为1.55%。结实率检测到一个加性 QTL $qSP3$，这个 QTL 在 E1 环境有显著的 AE 效应，加性效应

和环境互作效应的贡献率分别为 2.60% 和 2.85%，增效等位基因来自越富。千粒重在第 3 染色体检测到一个加性 QTL *qGW3*，增效基因来自旱稻 IRAT109，对表型贡献率为 8.25%。单株产量检测到 2 个加性 QTL（*qYP6* 和 *qYP7*），分别位于第 6 和第 7 染色体上。*qYP6* 没有 A 效应，仅在 E1 和 E2 环境存在 AE 效应，效应分别为 1.488 和 −0.724，AE 效应对表型变异的贡献率为 2.54%。*qYP7* 同时检测到显著的 A 效应和 AE 效应，A 效应增效基因来自越富，AE 效应对表型变异的贡献率为 1.80%。

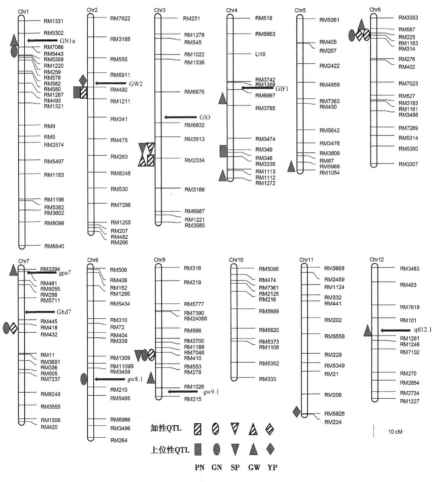

图 3-4　水稻产量及其相关性状的 QTL 在染色体上的位置

表 3-9 产量相关性状的加性 QTL 及其与环境互作效应

性状	QTL	区间	位置 (cM)	A 效应	AE1	AE2	AE3	AE4	H² (a) %	H² (ae) %	QTL 导入系
有效穗数	qPN2	RM492–RM1211	53.0	0.233	ns	ns	ns	ns	5.33	ns	157, 162, 185, 232
	qPN3	RM2334–RM3166	115.6	0.445	ns	ns	ns	ns	8.99	ns	73, 153, 410
穗粒数	qGN6	RM225–RM1163	14.0	−5.287	ns	ns	ns	ns	0.31	ns	107, 209, 321
	qGN9	RM410–RM553	66.0	−5.081	1.713	−1.482	ns	ns	1.12	1.55	125, 173, 409
结实率	qSP3	RM3513–RM2334	99.6	0.001	0.011	ns	ns	ns	2.60	2.85	151, 169, 285, 441
千粒重	qGW3	RM2334–RM3166	115.6	−0.430	ns	ns	ns	ns	8.25	ns	73, 153, 410
单株产量	qYP6	RM225–RM1163	14.0	ns	1.488	−0.724	ns	ns	ns	2.54	107, 209, 321
	qYP7	RM418–RM432	44.1	1.119	0.620	0.974	−0.743	−0.851	1.18	1.80	232, 241, 243, 408

注：加性效应负值表示 IRAT109 的等位基因增加表型值。

表3-10　产量相关性状的上位性 QTL 及其与环境互作效应

性状	QTL$_i$	区间	位置(cM)	QTL$_j$	区间	位置(cM)	A$_i$A$_j$效应	AAE1	AAE2	AAE3	AAE4	H²(aa)%	H²(aae)%
有效穗数	qPN2	RM492-RM1211	53.0	qPN4	RM349-RM348	108.0	-0.697	ns	ns	ns	0.203	6.45	2.23
穗粒数	qCN1	RM5443-RM5359	30.5	qCN8	RM3459-RM210	75.7	-1.717	ns	-2.509	1.695	1.326	2.60	1.43
	qCN6	RM225-RM1163	14.0	qCN7	RM418-RM432	44.1	2.062	ns	ns	ns	ns	0.43	ns
	qCN6	RM225-RM1163	14.0	qCN9	RM410-RM553	66.0	4.924	4.103	ns	ns	-2.719	3.60	0.81
结实率	qSP3	RM3513-RM2334	99.6	qSP9	RM410-RM553	66.0	0.009	ns	0.016	ns	-0.013	2.05	5.46
千粒重	qGW1	RM5302-RM7086	20.2	qGW6	RM587-RM225	10.4	ns	0.161	ns	ns	ns	ns	1.43
	qGW4a	RM6997-RM3785	62.1	qGW7	RM3394-RM481	2.5	0.098	-0.246	0.391	ns	ns	3.53	5.89
	qGW4b	RM1112-RM1272	128.9	qGW5	RM5968-RM1054	115.7	0.290	ns	0.196	ns	-0.247	1.92	2.05
	qGW9	RM278-RM1026	77.5	qGW12	RM101-RM1261	61.2	-0.081	ns	0.703	-0.435	-0.219	0.19	2.98
单株产量	qYP2	RM6911-RM492	42.1	qYP11	RM5926-RM224	117.9	-0.754	ns	ns	ns	ns	1.24	ns

注：AA 效应负值表示重组型增加表型值。

（2）上位性 QTL

表 3-10 所示，有效穗数检测到 1 对上位性 QTL（$qPN2-qPN4$），AA 效应表现为重组型大于亲本型，贡献率为 6.45%，在 E4 环境中检测到显著的 AAE 效应，效应值为 0.203，对表型的贡献率为 2.23%。穗粒数检测到 3 对上位性 QTL（$qGN1-qGN8$，$qGN6-qGN7$ 和 $qGN6-qGN9$），上位性 QTL $qGN1-qGN8$ 的 AA 效应为 -1.717，上位性 QTL $qGN6-qGN9$ 和 $qGN6-qGN7$ 的 AA 效应分别为 4.924 和 2.062。其中 $qGN6-qGN9$ 和 $qGN1-qGN8$ 2 对上位性 QTL 同时检测到显著的 AAE 效应，$qGN6-qGN9$ 上位性 QTL 在 E1 和 E4 的 AAE 效应分别为 4.103 和 -2.719，$qGN1-qGN8$ 上位性 QTL 在 E2、E3 和 E4 环境的 AAE 效应分别为 -2.509、1.695 和 1.326。结实率检测到一对上位性 QTL（$qSP3-qSP9$），具有 AA 和 AAE 效应，AA 效应亲本型大于重组型，贡献率为 2.05%，AAE 效应贡献率为 5.46%。

千粒重检测到 4 对上位性 QTL，4 对上位性 QTL 均检测到显著的 AA 效应和 AAE 效应。其中上位性 QTL $qGW1-qGW6$ 和 $qGW9-qGW12$ 的效应重组型大于亲本型，贡献率分别为 4.09% 和 0.19%；$qGW4a-qGW7$ 和 $qGW4b-qGW5$ 上位性 QTL 的效应亲本型大于重组型，贡献率分别为 3.53% 和 1.92%。4 对上位性 QTL 的 AAE 效应分别为 1.43%、5.89%、2.05% 和 2.98%。单株产量检测到一对上位性 QTL（$qYP2-qYP11$），其 AA 效应为 -0.754，重组型大于亲本型，贡献率为 1.24%，其未检测到显著的环境效应。

从的单个遗传效应看，A 效应作用最大，其次是 AAE、AA，最后是 AE，说明产量性状，相对以纯加性 A 效应为主，AA、AAE 和 AE 效应起重要修饰作用。对于具体性状又有所不同，有效穗数主要是由加性效应 A 控制，穗粒数主要由 AA 效应控制，结实率和千粒重主要由 AAE 效应控制，单株产量则主要由 AE 效应控制。

利用 QTLNetwork 软件对 271 个系在 4 个环境的产量相关性状共检测到 5 个性状的 8 个加性效应和 10 对上位性 QTL。8 个 QTL 位点与以往的位点大致相同，第 1 染色体的 *qGN1* 和 *qGW1* 与已克隆的控制穗粒数基因 *GN1a* 位置相同（Ashikari et al., 2005），第 2 染色体 *qPN2* 和 *qYP2* 与已克隆的控制粒宽、粒重基因 *GW2* 位置相同（Song et al., 2007），第 3 染色体 *qPN3*、*qGW3* 和 *qSP3* 与已克隆的控制粒长、粒重基因 *GS3* 位置相近（Fan et al., 2006；Li et al., 2004），第 4 染色体 *qGW4a* 与已克隆的控制籽粒灌浆和产量的 *GIF1* 位置相近（Wang et al., 2008），*qGW7* 与已经精细定位的控制穗粒数的 QTL *gpa7* 位置相同（Tian et al., 2006），*qGN8* 与已经精细定位控制粒重的 QTL *gw8.1* 位置相同（Xie et al., 2006），*qGW12* 与一个能显著提高干旱胁迫环境水稻产量的主效 QTL 位置相同（Bernier et al., 2007），*qYP7* 和 *qGN7* 与已克隆的控制抽穗期、穗粒数和产量的基因 *Ghd7* 位置相近（Xue et al., 2007），*qGW9* 与已精细定位的控制粒重的 QTL *gw9.1* 位置相近（Xie et al., 2008）。

2. 产量性状 QTL 效应分析

5 个产量相关性状共检测到 8 个加性效应 QTL，其中 7 个 QTL 具有显著 A 效应（*qPN2*、*qPN3*、*qGN6*、*qGN9*、*qSP3*、*qGW3* 和 *qYP7*），并且 *qPN2*、*qGN6*、*qGN9* 和 *qSP3* 同时具有上位性效应。共 32 个导入系分别与这 7 个 QTL 相对应，分别将这 32 个导入系的表型与背景亲本越富比较（表 3-11），发现除 *qYP7* 外，其他 QTL 对应导入系的表型值都与越富有明显差别，且在 4 个环境中重演性高。*qYP7* 在 4 个环境中都存在显著的 AE 效应，环境特异性比较强。

表 3-11 QTL 对应导入系表型值与背景亲本的比较

QTL	QTL 导入系	E1		E2		E3		E4	
		平均值	P 值	平均值	P 值	平均值	P 值	平均值	P 值
qPN2	越富	12.10		11.60		10.50		10.10	
	L06157	13.66	0.000**	12.26	0.056	12.42	0.000**	10.60	0.048*
	L06162	14.48	0.000**	12.54	0.006**	11.22	0.018*	10.70	0.023*
	L06185	12.68	0.032*	12.46	0.004*	13.62	0.000**	13.40	0.000**
	L06232	13.66	0.023*	12.74	0.001**	11.42	0.005**	11.20	0.001**

（续表）

QTL	QTL导入系	E1 平均值	E1 P值	E2 平均值	E2 P值	E3 平均值	E3 P值	E4 平均值	E4 P值
qPN3	L06073	13.50	0.000 **	12.30	0.03 *	12.30	0.000 **	11.30	0.003 **
	L06153	13.20	0.002 **	12.37	0.014 *	12.00	0.000 **	11.10	0.007 **
	L06410	13.60	0.000 **	12.70	0.003 **	11.90	0.000 **	11.40	0.002 **
qGN6	越富	115.74		98.33		75.73		54.92	
	L06107	94.00	0.000 **	85.54	0.002 **	69.00	0.023 *	47.80	0.02 *
	L06209	105.41	0.006 **	90.60	0.03 *	67.00	0.007 **	38.70	0.000 **
	L06321	107.70	0.021 *	89.60	0.017 *	66.96	0.007 **	44.80	0.003 **
qGN9	L06125	105.58	0.007 **	88.60	0.01 **	65.00	0.002 **	49.80	0.071
	L06173	98.95	0.000 **	86.60	0.004 **	67.00	0.007 **	48.80	0.038 *
	L06409	123.71	0.220	90.60	0.03 *	69.00	0.023 *	44.80	0.003 **
qSP3	越富	91.84		68.91		87.24		76.89	
	L151	95.04	0.084	79.80	0.000 **	93.99	0.001 **	91.23	0.000 **
	L169	97.05	0.012 *	93.05	0.000 **	94.96	0.001 **	90.06	0.000 **
	L285	96.09	0.031 *	85.80	0.000 **	92.89	0.004 **	83.62	0.007 *
	L441	92.94	0.517	90.13	0.000 **	94.57	0.001 **	81.60	0.043 *
qGW3	越富	22.01		20.41		23.68		22.33	
	L73	19.95	0.009 **	17.16	0.001 **	19.08	0.000 **	20.02	0.006 **
	L153	20.90	0.105	17.94	0.004 **	20.38	0.001 **	21.12	0.089
	L410	20.98	0.130	17.89	0.003 **	21.08	0.003 **	20.30	0.012 *
qYP7	越富	30.74		19.71		17.79		13.84	
	L232	37.00	0.036 *	26.20	0.028 *	17.13	0.797	10.40	0.184
	L241	38.00	0.019 *	24.20	0.100	24.29	0.031 *	9.83	0.128
	L243	36.00	0.068	23.20	0.187	19.16	0.596	9.09	0.080
	L408	40.00	0.006 **	22.20	0.333	11.53	0.036 *	5.33	0.006 **

表 3-12　亲本和 QTL 对应导入系的基因型×环境互作效应

性状	变异	环境	基因型	基因型×环境	iPCA1	iPCA2
有效穗数	自由度	3	8	24	10	8
	平方和	21.23 *	89.89 **	17.36 *	9.55	7.17

（续表）

性状	变异	环境	基因型	基因型×环境	iPCA1	iPCA2
	平方和%				55.03	41.29
穗粒数	自由度	3	7	21	9	7
	平方和	15 017.20**	3 099.33**	680.99**	583.21	74.11
	平方和%				85.64	10.88
结实率	自由度	3	5	15	7	5
	平方和	341.89**	393.16*	477.32*	296.23	171.16
	平方和%				62.06	35.86
千粒重	自由度	3	4	12	6	4
	平方和	29.51*	424.42**	18.47*	17.98	0.42
	平方和%				97.36	2.25
单株产量	自由度	3	8	24	10	8
	平方和	2 746.84**	109.10*	351.01*	196.18	85.76
	平方和%				55.89	24.43

利用 AMMI 模型分析 2 个亲本和 8 个 QTL 对应导入系在 4 个环境中的表型数据，发现 5 个性状的 G×E 互作效应均达到显著水平（表 3-12），说明控制这些性状的 QTL 与环境之间存在显著的互作。5 个性状的 G×E 互作效应前 2 个主成分值之和（iPCA1+iPCA2）解释的互作总变异都大于 81%（表 3-12），由前 2 维主成分值推算的 Di 值可以反映导入系性状的稳定性。

表 3-13 水稻产量性状 QTL 对应导入系的 AMMI 稳定性参数

性状	QTL	亲本/导入系	iPCA1	iPCA2	Di
有效穗数		越富	-0.09	-0.01	0.10
		IRAT109	-1.40	0.69	1.57
	qPN2	L06157	0.35	-0.42	0.84
		L06162	-0.17	-0.85	0.96
		L06185	0.89	1.10	1.43
		L06232	-0.16	-0.24	0.42
	qPN3	L06073	0.35	-0.11	0.38
		L06153	0.19	-0.04	0.26
		L06410	0.04	-0.12	0.17

（续表）

性状	QTL	亲本/导入系	iPCA1	iPCA2	Di
穗粒数		越富	−0.52	0.16	0.71
		IRAT109	2.64	1.18	3.04
	qGN6	L06107	1.89	0.76	2.09
		L06209	−1.14	2.03	2.37
		L06321	−0.79	0.33	0.88
	qGN9	L06125	0.02	−0.75	1.72
		L06173	1.10	0.01	1.19
		L06409	−3.20	−0.35	3.33
结实率		越富	−1.99	−1.81	2.71
		IRAT109	3.44	−0.52	3.50
	qSP3	L151	0.02	−1.75	1.76
		L169	0.13	1.31	1.78
		L285	−1.00	0.69	1.28
		L441	−0.60	2.08	2.43
千粒重		越富	−0.14	0.39	0.46
		IRAT109	−1.71	−0.02	1.71
	qGW3	L73	0.82	0.20	0.87
		L153	0.72	0.10	0.84
		L410	0.31	−0.67	0.74
单株产量		越富	−1.21	0.37	1.63
		IRAT109	−2.63	−0.90	3.06
	qYP6	L107	0.12	1.17	1.26
		L209	0.52	0.99	1.21
		L321	−0.41	−0.66	2.19
	qYP7	L232	0.40	−0.92	1.19
		L241	0.64	1.36	1.64
		L243	0.47	0.25	0.68
		L408	2.09	−1.67	2.68

产量性状 QTL 对应导入系的稳定性分析（表 3-13），QTL 对应导入系的平均 Di 值从小到大排序为 qPN3<qGW3<qPN2<qYP6<qYP7<qSP3<qGN9<qGN6，说明 qPN3、qGW3 和 qPN2 这 3 个 QTL 稳定性较高，在不同环境中相对表达稳定，其中 qPN3 和 qGW3 对应的系 IL410、IL153 稳定

性最高，*qPN2* 对应的系 IL157 稳定性最高。其他 QTL 相对稳定的导入系为，*qGN6* 对应系 IL321，*qYP6* 对应系 IL209，*qGN9* 对应系 IL173，*qSP3* 对应系 IL285。因此可以利用这些稳定的 QTL 位点和其对应株系进行精细定位和分子育种。

　　上位性和基因型×环境互作在自然界普遍存在，它们在植物遗传、进化和杂种优势中具有重要作用。上位性是复杂性状的重要遗传基础，已为经典遗传学和 QTL 作图研究所证实（Fasoulas and Allsrd，1962；Doebley et al.，1995）。5 个产量相关性状的 23 个 QTL 位点，82.6%的 QTL 都存在上位性互作，并且 74%的上位性 QTL 位点不存在加性效应，只能通过位点间的互作才起作用。千粒重检测到 9 个 QTL 位点，除一个纯加性 QTL 外，其他位点组成 4 对上位性 QTL。穗粒数检测到 5 个 QTL 位点，这 5 个位点全部参与上位性互作，并形成 3 对上位性 QTL。穗粒数可能存在一个互作网络，以 *qGN6* 为枢纽，通过 *qGN6-qGN7* 和 *qGN6-qGN9* 互作对连接起来，并且可能通过千粒重的 *qGW1-qGW6* 上位对把 *qGN1-qGN8* 上位对联系起来，形成对穗粒数的调控系统。5 个性状的 QTL 覆盖水稻 11 条染色体，在染色体上存在 6 个 QTL 集中分布的区域，不同性状 QTL 共享相同的染色体位置，通过相同位置的 QTL 把不同性状的互作联系起来，形成了产量相关性状相互作用复杂的互作网络。第 1 染色体的 QTL（*qGN1* 和 *qGW1*），第 2 染色体的 QTL（*qPN2* 和 *qYP2*），第 6 染色体的 QTL（*qGW6*、*qGN6* 和 *qYP6*）和第 9 染色体的 QTL（*qSP9* 和 *qGN9*）可能为产量关键位点，这反映出产量相关性状相互作用、相互制约的本质。

　　根据 QTL 分析结果，穗粒数 QTL *qGN6* 和 *qGN9*、千粒重 QTL *qGW3* 和单株产量 QTL *qYP6* 的增效基因都来自 IRAT109，但是 *qPN3* 和 *qGW3* 效应方向相反并位于同一染色体位置，可能是同一基因或者是紧密连锁的基因，不易利用。单株产量 QTL *qYP6* 和穗粒数 QTL *qGN6* 对应导入系 IL321，穗粒数 QTL *qGN9* 对应导入系 IL173，这样可以通过（IL321 × IL173）杂交把我们需要的基因聚合起来，然后通过标记辅助选择快速获得目标基因型株系。

三、水稻抗旱性 QTL 研究进展

随着 DNA 分子标记的广泛应用，抗旱基因/QTL 的定位已经取得了很大的进展。Champoux et al.（1995）首次利用 127 个 RFLP 标记对水稻根系的形态性状进行 QTL 定位研究。Ray et al.（1996）对水稻根的穿透力等根系性状进行 QTL 定位，发现 19 个 QTL 与总根数有关，6 个控制根穿透指数的 QTL。Yadav et al.（1997）利用 DH 群体对旱种条件下控制根粗、最长根长、总根重、深根重和根冠比等性状的基因进行定位，发现一些性状的 QTL 是共同的，每个性状都受 3~6 个位于不同染色体的 QTL 控制，贡献率为 4%~22%。穆平等（2003）利用 DH 群体对控制根系性状的 QTL 进行定位，并分析 QTL 与环境互作，共检测到控制根数、根基粗、最长根长、根鲜重、根干重、根茎鲜重比和根茎干重比 7 个性状的 18 个加性 QTL 和 18 对上位性 QTL，发现了一些稳定、贡献率高的QTL。Courtois et al.（2000）利用 DH 群体通过 2 年 3 个地点的试验，共发现 11 个控制叶片卷曲度的 QTL、10 个叶片干枯度的 QTL 和 11 个相对含水量的 QTL。Robin et al.（2003）利用高世代回交群体在温室条件下对渗透调节基因进行定位，共在 1、2、3、4、5、7、8 和 10 染色体上发现 14 个 QTL，总共可解释 58% 的表型变异。Yue et al.（2005）在不同的环境条件下对抗旱反应指数、相对产量、相对可育小穗和 4 个植株水分状况的性状进行定位，总共检测到 39 个 QTL，单个 QTL 的贡献率在5.1%~32.1%。Yue et al.（2006）又利用该群体对产量和根系等抗旱相关性状进行分析，定位了不同水分条件下 19 个性状的 101 个 QTL，说明了避旱和耐旱有着截然不同遗传基础。Li et al.（2005）利用 DH 群体在根管培养、水、旱田 3 种环境对根基粗、根数和最长根长等根系性状进行 QTL 定位，共检测到 22 个加性 QTL 和 33 对上位性 QTL，单个 QTL 最高贡献率可达 25.6%，并在所有的根系性状都检测到 QTL 与环境的互作。Zhao et al.（2008）利用已构建的特青和 Lemont 导入系群体，从中筛选 55 个材料对气孔导度和蒸腾速率等影响植物光合作用的形态、生理性状进行 QTL 定位，共定位到 40 个 QTL，分布在水稻染色体的 21 个区间。Qu et al.（2008）利用旱稻 IRAT109 和水稻越富构建的 RIL 群体，研究根基粗、根数等根系性状在苗期、分蘖期等 5 个生长时期的动态发育规律，6 个根系相关性状在 5 个发育时期共检测到 84 个加性 QTL，86 对上位性 QTL，发现 12 个加性 QTL 在不同时期都表达，在第 9 染色体发现两个主效、稳定的 QTL 位点（*brt9a*，*brt9b*）。相对其他性状来说，抗旱性遗传机制比较复杂，到目前为止还没有水稻抗旱相关性状基因图位克隆的报道。Uga et al.（2013）发现一个控制深根分布构型的 QTL *Dro1*，QTL 检测发现 *DRO1* 位于第 9 号染色体，此区间存在一个候选基因 *Os09g0439800*，序列比对发现这个基因的 ORF 中存在一个 1 bp 的缺失，导致蛋白翻译提前终止，*DRO1* 受到生长素负向调控，*DRO1* 高表达可以增加根生长角度，使其生长方向更为竖直，从而提高水稻避旱能力（Uga et al.，2013）。Kim et al.（2017）利用 DH 群体从抗旱品种 Samgang 鉴定出了 3 个抗旱性的 QTL，解释了 41.8% 的表型变异，其中 qVDT11 对水稻田的抗旱性和分蘖都具有重要作用（Kim et al.，2017）。Guo et al.（2018）利用 507 个水稻品种对抗旱相关性状进行全基因组关联研究 GWAS 分析，鉴定出 470 个抗旱的关联位点（Guo et al.，2018）。国际水稻所的分子标记辅助育种计划从 IR64、MTU1010、Swarna、Sabitri、TDK1、Vandana 等高产品种中鉴定出了 12 个干旱环境产量相关的主效 QTL（*qDTY 1.1*、*qDTY 2.1*、*qDTY 2.2*、*qDTY 2.3*、*qDTY 3.1*、*qDTY 3.2*、*qDTY 4.1*、*qDTY 6.1*、*qDTY 6.2*、*qDTY 9.1*、*qDTY 10.1* 和 *qDTY 12.1*），其中的 7 个 QTL *qDTY 1.1*、*qDTY 2.2*、*qDTY 3.1*、*qDTY 3.2*、*qDTY 4.1*、*qDTY 6.1* 和 *qDTY 12.1* 在两个或两个以上的遗传背景下以及在水田和直播旱田环境下都表现出很大效应，具有分子育种的潜在价值（Sandhu et al.，2018）。

第四节　分子标记辅助选择原理

作物育种工作中最要的环节之一就是从分离群体中选择出符合要求的优良基因型个体。传统育种中，由于不知道个体的基因型，通常是依据产量、品质和抗性等表现型进行选择，这种选择方法对主效质量性状或高代群体来说是准确有效的，但对数量性状或早代个体来说，由于受环境影响等因素影响，选择效率不高。即使是质量性状，有的也存在表型测量难度大、表型特定时期才表现测定、需要后代鉴定等困难。所以，传统育种基于表型的选择方法存在效率较低、准确度不高、工作烦琐许多缺点。如果获得了与目标性状基因紧密连锁的分子标记，通过检测分子标记，即可检测到目的基因的存在，达到选择的目的，且具有快速、准确、不受环境干扰的优点。分子标记辅助育种是指利用与目标基因紧密连锁的分子标记，鉴定分析群体目标性状的基因型，从而达到对目标性状选择的目的。这样提高育种效率，克服了很多常规育种方法中的困难，缩短育种年限，加快了育种进程。伴随着水稻中很多重要性状基因的克隆与分子标记的开发，分子标记辅助育种已经广泛的应用于抗病、抗虫、抗旱、高产、品质改良等各个方面。此处主要介绍基本的选择方法、主效质量性状的基因转移和基因聚合方法，以及复杂数量性状的标记辅助选择策略。

一、基本的选择方法

1. 前景选择

前景选择是利用分子标记对目标性状基因的选择。前景选择可以用于单个基因的基因转移，也可以用于多个优良目标基因的聚合。对目标基因的选择可以利用单侧一个与目标基因的紧密连锁标记，也可以利用基因内功能标记或双侧标记进行选择。标记与目标基因间连锁的紧密程度是确定前景选择可靠性的主要因素。若只用一个标记对目标基因进行选择，则标记与目标基因间的连锁必须非常紧密，才能够达到较高的正确率。从图3-5可以看出，分子标记选择正确率随重组率的增加而迅速下降。若要选择正确率达到90%以上，则标记与目标基因间之间的重组率必须不大于0.05。当重组率超过0.10时，选择正确率已降到80%以下。采用分子标记选择可以减少选择株数，当重组率为0.3，选择7株具有目标基因型的植株，就有99%的准确率能保证其中有1株为目标基因型；如果不用标记辅助选择（标记与目标基因间无连锁，重组率为0.5），至少需选择16株。此外，如果利用两侧的两个紧密连锁标记对目标基因进行辅助选择，可极大提高选择的正确率。实际情况中，单交换间一般总是存在相互干扰的，这样双交换的概率会更小，因而双标记选择的正确率要比理论期望值更高。

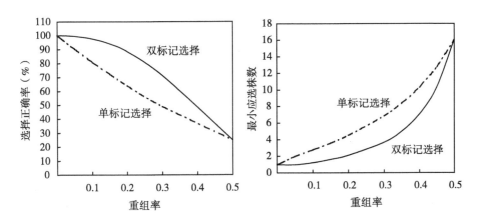

图3-5 目标基因间的重组率与 F_2 群体中分子标记辅助选择正确率及最小应选株数的关系

（方宣钧，吴为人，唐纪良. 2001. 作物DNA标记辅助育种 [M]. 北京：科学出版社）

2. 背景选择

育种工作中，除了对重要目标基因的选择之外，还对基因组中除了目标基因之外的其他部分进行选择，称为背景选择。背景选择是针对全基因组。在分离群体（如 F_2 群体、DH 群体、RIL 群体）中，每条染色体都是由双亲染色体重新随机组装成的组合。要对整个基因组进行选择，就必须知道双亲每条染色体的组成。这就要求有能够覆盖整个基因组用来选择的分子标记，一般来说每 10 cM 至少有一个标记。这样可以利用分子标记去推测出各个标记座位上等位基因的可能来源，推测出特定基因位点来自哪个亲本，进而可以推测染色体的亲本组成。利用全基因组分子标记组成的图示基因型，能很直观地显示每个个体的基因组结构，对背景选择尤其有用。在分子标记辅助选择中，根据鉴定的分子标记信息构建图示基因型，首先进行目标基因的前景选择，然后再对中选的个体进行全基因组的背景选择，加速育种进程。

二、分子标记辅助的基因转移

基因转移是指将目标基因转移到受体亲本中，达到改良受体亲本目标性状的目的。目标基因一般是来自特异种质、地方品种或育种中间材料等供体亲本的有利基因。基因转移通常采用回交的方法，即受体亲本与供体亲本杂交，然后以受体亲本为轮回亲本，进行多代回交和自交纯合稳定。在这一过程中同时对来自供体亲本目标基因的前景选择和受体亲本全基因组的背景选择。前景选择保证了目标基因的存在，背景选择加快后代遗传背景恢复成轮回亲本的速度，以缩短育种年限。Young and Tanksley（1989）针对番茄进行的基因转移分子标记辅助选择计算机模拟研究显示，用分子标记对整个基因组进行选择，如果每一回交世代保留 30 个单株，只需 3 代即能基本恢复成轮回亲本的基因型，利用传统回交育种方法则需要 6 代以上。有些有利基因与不利基因存在遗传连锁，传统育种无法鉴别目标基因是否与不利基因发生了遗传重组，因而回交育种转移有利基因的同时也会带入不利基因，造成性状改良后的品种与原预期目标不一致。用高密度的分子标记连锁图就有可能直接选择到在目标基因附近发生了重组的个体，采用分子标记辅助选择一般只需 2~3 个回交世代，就可达到基本消除目标有利基因与不利基因基因间的连锁累赘的问题。

三、分子标记辅助的基因聚合

农业生产中需要综合性状优良的品种，育种家必须把更多的优良基因聚合到一起。把不同品种中的有利基因聚合到同一个个体基因组中，称为基因聚合。基因聚合涉及一个目标性状的多个有利基因或者多个目标性状的多个有利基因，对于单个目标性状的多个有利基因，只需要通过杂交、复交等程序进行组合、选择即可。但是，多个目标性状的多个有利基因的聚合对于育种家来说是一个巨大的挑战。因为不同性状基因位点的等位基因可能会有不同的效应，即正的等位基因对某一性状是有利的，而负的等位基因对其他的性状是有利的。为了聚合更多优良性状的有利等位基因，可能需要将某些性状正的基因位点的等位基因与其他性状负的基因位点的等位基因组合到一起，这样就需要考虑性状的相关性，正相关会有利于聚合具有相同有利方向的等位基因，但是不利于相反方向的等位基因聚合。如果基因存在多效性，如 *dep1* 会引起稻穗变短、直立、着粒密集及氮肥不敏感多效性，很难向相关性相反的方向选择。当要选择聚合多个目标有利基因，获得纯合目标基因型个体的概率是很低的，需要从较大的后代群体中进行选择。例如，要选择 5 个相互独立的目标基因，在两个亲本杂交 F_2 群体中目标基因型出现的频率是 0.25^5（0.00098），要出现至少一个聚合 5 个有利基因型的个体需要的最小群体大小是 4 714。为了提高多个基因聚合的效率，Bonnet et al.（2005）提出了一个二阶段选择策略，即第一阶段在 F_2 代选择富集目标基因型，第二阶段，从 F_2 群体产生一个基本纯合的品系群体，然后再进行选择，这样减少群体大小和选择工作量。

四、数量性状的标记辅助选择

作为作物育种目标的大多数重要性状都是数量性状，数量性状遗传最主要的特征是表现型不单单受基因型的影响，两者之间没有对应关系。传统育种主要依据后代表现型进行选择，造成传统育种对多数属于数量性状的农艺性状选择效率不高。原则上，主效基因控制的质量性状的分子标记辅助选择方法也适用于数量性状。然而，由于数量性状基因位点较多，且定位克隆难度较大。目前，QTL定位/基因克隆的基础研究还不能满足分子辅助育种的需要，还无法对数量性状进行全面的标记辅助选择。而且，不同QTL/基因位点间的上位性效应、QTL/基因与环境的互作、不同数量性状间的遗传相关等因素也可能会影响选择的效果。目前对数量性状进行分子标记辅助选择的困难主要在于，已有的数量性状QTL定位研究基本上是初级定位，精细定位和克隆的相对较少，定位的QTL数量少，且定位的精度不高。因此，只能对那些已初步定位、精度不高的QTL进行基因型选择，应该选择QTL两侧紧密相邻的标记进行选择，提高选择的准确性。另外，由于不同品种材料目标基因可能存在等位基因差异，在一个定位群体中确定的性状—标记的关联，在用于其他群体或材料前必须进行验证关联。为了避免不存在关联或避免验证工作，可以将遗传定位和分子标记辅助选择结合起来，用相同的亲本构建群体进行遗传定位和分子标记辅助育种，这对于数量性状的分子标记辅助育种尤为重要。Tanksley and Nelson（1996）提出了高代回交QTL（AB-QTL）的分子育种程序，在BC_2或BC_3世代进行QTL定位，然后利用定位的QTL和后续获得QTL-NIL进行分子标记辅助育种。1998年，国际水稻所黎志康博士主导启动"全球水稻分子育种计划"，集全世界水稻主产区的数百份优异种质资源，通过大规模杂交、回交和分子标记辅助选择相结合的方法，构建高代回交导入群体并进行QTL/基因定位，通过分子标记辅助选择将这些优异种质资源中的大量优良基因和性状导入优良品种中，培育一批能广泛适应各种水稻生态环境的优良品种。

五、分子标记辅助选择聚合育种改良水稻抗旱性的实例

以 Shamsudin et al.（2016）利用分子标记聚合育种改良马来西亚水稻品种 MR219 抗旱性的研究为例。*qDTY 2.2*、*qDTY 3.1* 和 *qDTY 12.1* 是干旱胁迫环境有利于产量提高的 QTL。为了提高水稻品种 MR219 干旱胁迫环境的产量，利用 QTL 的特异性分子标记进行前景选择、利用侧翼标记进行重组选择和全基因组标记的背景选择，进行分子标记辅助育种。详细的程序见图 3-6。

第 1 个世代，MR219 分别与携带 *qDTY 2.2*、*qDTY 3.1* 和 *qDTY 12.1* 的材料 IR 77298-14-1-2-10、IR 81896-B-B-195 和 IR 84984-83-15-18-B 杂交。

第 2 个世代，利用分子标记确定杂交种，然后 5 个 $F_{1:1A}$ 个体与 20 个 $F_{1:1B}$ 个体杂交，获得 $F_{1:2}$ 群体。同时，5 个 $F_{1:1C}$ 个体与 MR219 杂交，获得 $BC_1F_{1:1C}$ 群体。在 587 个 $F_{1:2}$ 群体中，利用 QTL 特异性分子标记和侧翼标记 OSR17、RM236、RM12460、RM279、RM12569、RM12949、RM12992、RM520、RM416 和 DTY3-14 进行前景筛选，获得 14 个携带 *qDTY 2.2* 和 *qDTY 3.1* 的单株。同时，利用 RM28076、RM28099、RM28130、RM511、RM1261 和 RM28166 对 141 个 $BC_1F_{1:1C}$ 个体进行 *qDTY 12.1* 位点的筛选，有 24 个 $BC_1F_{1:1C}$ 个体携带 *qDTY 12.1*。

第 3 个世代，从 14 个具有 *qDTY 2.2*、*qDTY 3.1* 的 $F_{1:2}$ 个体中选择出 5 个与 MR219 表型相似的个体，然后将 5 个 $F_{1:2}$ 中选个体与 24 个 $BC_1F_{1:1C}$ 个体杂交，获得 $F_{1:3}$ 群体。

第 4 个世代，对 472 个 $F_{1:3}$ 个体 3 个 qDTY 位点进行分子标记筛选，共 24 个 $F_{1:3}$ 个体携带所有 3 个 qDTY。进一步进行全基因组背景筛选，发现了 4 个遗传背景恢复率分别为 83%、89% 和 94% 的个体，形态特征

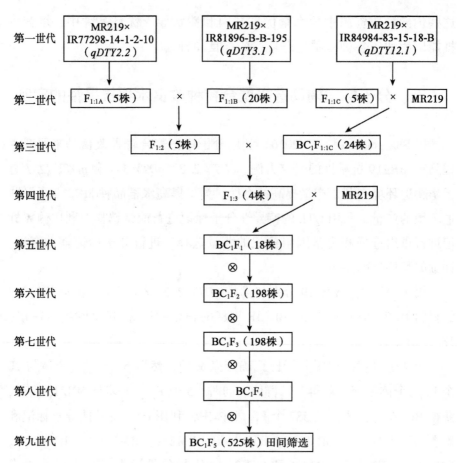

图 3-6　分子聚合育种改良 MR219 的程序

与受体亲本相似。利用这 4 个 $F_{1:3}$ 个体与 MR219 进一步回交产生 BC_1F_1 群体。

　　第 5 个世代，对 1 263 个 BC_1F_1 个体 3 个 qDTY 位点进行分子标记前景筛选，共有 104 个 BC_1F_1 个体携带所有 3 个 qDTY。用 48 个 SSR 标记对 18 个 BC_1F_1 个体进行背景选择，确认背景恢复好，选择这 18 个 BC_1F_1 个体进行自交产生 BC_1F_2 种子。

　　第 6 个世代，对获得的 BC_1F_2 5 677 个个体 3 个 qDTY 位点的前景筛选，发现 437 个 BC_1F_2 个体是不同 qDTY 位点及其组合的纯合体。只

有 33 个 BC_1F_2 个体携带所有 3 个 qDTY。然后根据表型筛选，最终 198
个 BC_1F_2 个体与 MR219 的形态相似，筛选出来进行连续自交，直到第
9 世代。在第 7 和第 9 世代，2013 年和 2014 年旱季，在国际水稻所试
验农场对不同 *qDTY 2. 2*、*qDTY 3. 1* 和 *qDTY 12. 1* 组合的 BC_1F_3 衍生系
在干旱胁迫和非胁迫环境进行评价。发现在 MR219 背景转移 qDTY 系
中，干旱胁迫环境导入 *qDTY 2. 2* 的株系具有较高的产量优势，*qDTY
3. 1+qDTY 2. 2* 和 *qDTY 3. 1+qDTY 12. 1* 株系的表现优于 3 个 qDTY 的组
合，表明 3 个 qDTY 之间没有正相互的累加作用。

参考文献

方宣钧，吴为人，唐纪良. 2001. 作物 DNA 标记辅助育种［M］. 北
　京：科学出版社.

李俊周. 2009. 旱稻导入系的构建与抗旱、耐低磷 QTL 的定位［D］.
　北京：中国农业大学.

Guo Z L, Yang W N, Chang Y, et al. 2018. Genome–wide association
　studies of image traits reveal genetic architecture of drought resistance
　in rice［J］. Molecular Plant, 11（6）：789–805.

Kim T H, Hur Y J, Han S I, et al. 2017. Drought – tolerant QTL
　qVDT11 leads to stable tiller formation under drought stress conditions
　in rice［J］. Plant Science, 256：131–138.

Sandhu N, Dixit S, Swamy B P M, et al. 2018. Positive interactions of
　major–effect QTLs with genetic background that enhances rice yield un-
　der drought［J］. Scientific Reports, 8（1）：1 626.

Shamsudin N A A, Swamy B P M, Ratnam W, et al. 2016. Marker as-
　sisted pyramiding of drought yield QTLs into a popular Malaysian rice
　cultivar, MR219［J］. BMC Genetics, 17（1）：30.

第四章　水稻抗旱基因工程育种

第一节　转基因育种

一、水稻转基因技术

把人工分离或修饰的基因通过生物、物理或化学的方法转移到目标生物体基因组，目标基因稳定表达，引起生物体性状可遗传变异的过程，称为转基因技术。植物转基因育种则是指按照育种目标预先设计，对生物体功能明确的特定基因进行修饰改造，通过基因工程手段导入植物基因组，通过外源基因的表达，获得新性状的一种品种改良技术。转基因育种拓宽了育种可利用的基因资源，实现了对育种目标性状的定向改良，提高育种选择效率，可将植物作为生物反应器。由于显著的技术优势和巨大的产业价值，转基因技术已成为国际农业高新技术竞争的焦点和热点。1988 年首次转基因水稻植株在粳稻品种中获得。1990 年获得第一例转基因籼稻植株。1990 年农杆菌感染水稻组织获得转化愈伤组织。1991 年利用水稻幼胚作为受体材料，用基因枪法成功获得转基因植株，转化效率极大提高。1993 年农杆菌法在粳稻品种上获得了转基因植株。此后，农杆菌介导法和基因枪轰击法成为常用的转化方法，尤其农杆菌介导法是最有价值的转化途径，广泛用于水稻转基因研究。

农杆菌介导转化法就是将外源基因插入到农杆菌的质粒上，由载体将外源基因转移并整合到植物基因组中。基本程序包括：受体系统的建立、转化载体的构建和遗传转化3个方面。利用农杆菌转化水稻，再生频率高，遗传稳定性好，可以连接不同的启动子使外源基因在不同组织特异表达，载体容纳大。根癌农杆菌的细胞中含有 Ti 质粒，有一段 T-DNA，农杆菌通过侵染植物伤口进入细胞，将 T-DNA 插入并整合到植物基因组。因此，农杆菌是一种天然的植物遗传转化体系。人们将目的基因插入到经过改造的 T-DNA，借助农杆菌的感染实现外源基因向植物细胞的转移与整合，然后通过组织培养技术，再生出转基因植株。在农杆菌介导的水稻遗传转化中，选择正确的菌株与载体组合至关重要。超毒农杆菌菌株是通过对普通菌株的进一步改造获得，其中 EHA105 菌株的转化效果最好，是目前水稻遗传转化普遍采用的菌株。水稻基因型也是影响遗传转化效率的主要因素之一，尽管粳稻、籼稻和爪哇稻都已经建立了相应的农杆菌遗传转化体系，然而不同的水稻品种对农杆菌的敏感程度不一样，通常粳稻的转化较易成功，转化率高。籼稻比较困难，籼稻愈伤诱导和再生也不敏感，其转化率通常不高。水稻幼胚和成熟胚均是很好的转化受体。幼胚的转化效率较成熟胚高，但幼胚的取材受时间和空间的限制，而成熟胚取材方便，且不受季节限制，因此成熟胚是目前水稻的遗传转化主要的转化受体。

外源基因转入受体，转基因植株中基因是否稳定表达，需要从几个层次进行鉴定：①外源基因在基因组中的整合鉴定，主要有 Southem blot 和 PCR 技术检测阳性植株，检测外源目的基因序列、启动子序列、终止子序列或载体自身序列。②外源基因转录水平的鉴定，有 Northern blot 和 RT-PCR 检测转基因植株中外源基因 mRNA 表达水平。③外源基因表达蛋白的检测，外源基因编码蛋白在受体中正常表达并有相应的功能才是转基因的最终目的。酶联免疫吸附法（ELISA）和 Western blot 是检测外源基因蛋白表达的主要方法，通常检测外源基因或报告基因的翻译水平。

二、水稻抗旱转基因育种进展

近年来，随着现代生物技术的迅速发展，植物转基因技术研究与应用取得了显著成效，利用转基因技术培育了大量高产、优质、抗病、抗病虫及耐盐等水稻新种质，抗旱基因的转基因研究也取得巨大成绩。将 *OsWRKY11* 与 *HSP101* 启动子连接起来并导入水稻品种 Sasanishiki 品种中，*OsWRKY*11 转基因品系表现出显著干旱抗性（Wu et al.，2009）。周宝元等（2011）将玉米 PEPC 基因转入水稻，发现转 PEPC 基因水稻在干旱胁迫条件 MDA 积累较少，SOD 和 CAT 活性增加，具有较强的抗氧化和渗透调节能力，生长状况和产量明显优于对照。玉山江·麦麦提等（2012）通过转基因技术将抗旱基因 IPT 导入籼稻 IR64，发现转基因植株的细胞分裂素含量和叶片保绿性明显提高，干旱胁迫条件 IPT 转基因植株叶片温度稍微低于野生型，植株茎叶衰老延缓，抗旱性增强。*AtH-DG11* 是一个编码 HD-START 转录因子的基因，过表达可以促进根系的发育，调控气孔的大小和密度，增强 SOD 和 CAT 等抗氧化酶的活性，调控光合相关基因的表达提高光合效率，在过表达 *AtHDG11* 水稻植株在不影响正常发育的前提下，可以提高生物量和光合效率，抗旱性显著增强（Yu et al.，2013；余林辉等，2017）。HYR 是乙烯应答转录因子，与光合作用过程中碳代谢相关，直接激活光合作用基因、转录因子级联及其他与光合碳代谢相关的下游基因，过量表达 HYR 能够提高日本晴光合作用能力，须根增多，干旱条件产量增加，耐旱能力增强（Ambavaram et al.，2014）。利用组成型玉米泛素 Ubi 启动子在水稻中高表达拟南芥半乳醇合成酶 2 基因 *AtGolS2*，*AtGolS2* 水稻转基因株系表现更高的半乳醇水平，多年多点的田间试验发现，干旱条件转基因水稻的穗数、生物量和产量提高，抗旱性的提高与叶片相对含水量、光合活性、恢复能力有关（Selvaraj et al., 2017）。过量表达同源结构域—亮氨酸拉链转录因子基因 *OsTF1L* 能显著提高水稻营养生长期的光合作用，降低干旱条件的失水率，田间干旱条件表现出较高的耐旱性和产量（Bang et al., 2019）。这些研究都证明通过转基因的方法，将外源抗旱基因或诱变表达水稻已有抗旱基因导入现有优质高产水稻品种，是培育抗旱节水稻的一种策略。

第二节　基因编辑育种

一、基因编辑技术

基因编辑（Gene editing）是一种对生物体基因组特定目标基因进行突变和修改序列的基因工程技术。传统的反义 RNA（Anti-sense RNA）、RNA 干扰（RNAi）、超表达技术等基因操作技术可以调控基因的沉默或表达，但这些技术都不能对目标基因进行精准的修饰。近年发展的锌指核酸酶（Zinc Finger Nucleases，ZFNs）、类转录激活因子效应物核酸酶（Transcription Activator Like Effector Nucleases，TALENs）和成簇的规律间隔的短回文重复序列（Clustered Regularly Interspaced Short Palindromic Repeats/Cas9，CRISPR/Cas9）等系统是通过在生物体基因组特定位置产生位点特异性双链断裂（Double Strand Break，DSB），诱导生物体通过非同源末端连接（Non-homologous End Joining，NHEJ）修复。NHEJ 修复往往导致修复位点产生碱基插入或者缺失，可导致目标基因的靶向突变。如果同时导入与染色体靶点两侧同源的序列，DSB 可以启动导入序列与染色体发生同源重组修复（Homology-directed Repair，HDR），达到精细编辑目标基因的目的。2016 年，新的基因编辑技术 CRISPR/Cpf1 开始在植物中应用，它包括 Cpf1 酶和系统特异的 crRNA 两个主要部分，Cpf1 -crRNA 复合物能有效地切割靶标双链 DNA。CRISPR -Cas9 和

CRISPR/Cpf1 为代表的第三代基因编辑技术与前两代技术相比，能够在活细胞中最有效、最便捷地编辑任何基因，以其简易、高效和多样化的特点迅速成为生命科学最热门的技术，迅速风靡于世界各地的实验室，成为科研、医疗等领域的有效工具。从靶位点选择的范围、组装的难易、多位点编辑的可行性及特异性等方面比较 ZFNs、TALENs、CRISPR/Cas9 和 CRISPR/Cpf1 四种主要的基因编辑技术，见下表。

表　基因组编辑工具的比较

	ZFN	TALEN	CRISPR/Cas9	CRISPR/Cpf1
识别模式	蛋白质-DNA	蛋白质-DNA	RNA-DNA	RNA-DNA
靶向元件	ZF array	TALE array	sgRNA	crRNA
目标序列	有限	丰富	海量	海量
步骤	麻烦	麻烦	简单	简单
费用	非常昂贵	昂贵	便宜	便宜
多位点编辑	难	难	容易	非常容易
效率	低	中	高	高
脱靶效应	低	低	低	低
总体评价	好	很高	非常好	非常好

1. ZFN 技术

ZFN 由锌指蛋白（ZFP）和 *Fok* I 限制性内切酶的核酸酶结构域组成，ZFP 负责识别，*Fok* I 内切酶负责切割 DNA。ZFP 是由锌指结构组成，锌指结构能识别特定的 3 个连续碱基对，通过串联锌指结构的数量调整 ZFN 的特异性识别。*Fok* I 内切酶通过 N 端与 ZFP 连接，*Fok* I 内切酶以二聚体的形式进行切割。因此，将 ZFN 质粒共同转化到细胞中，表达的融合蛋白将分别与靶位点结合，*Fok* I 二聚体化对目的基因进行切割产生 DNA 的双链断裂，细胞内的 DNA 修复机制开启。细胞通过 NHEJ 或 HDR 的方式进行修复，发生碱基突变、缺失、替换或增加，从而实现基因编辑的目的。ZFN 技术从 2001 年开始被陆续用于不同物种的基因编辑，该技术靶向结合效率高，但是蛋白设计复杂，费时费力，成本高，并且无法实现对任意靶基因的结合，也无法实现高通量的基因编辑。

2. TALEN 技术

TALE 基序的发现催生了第二代基因编辑技术。TALEN 的构造与 ZFN 类似，由 TALE 基序串联成决定靶向性的 DNA 识别模块，与 *Fok* I 结构域连接而成。与 ZF 基序不同，一个 TALE 基序识别一个碱基对，因此串联的 TALE 基序与所识别的碱基对是一一对应的关系（Miller et al.，2011）。对于相同的靶点 TALENs 与 ZFNs 有相同的切割效率，但是毒性比 ZFNs 的低，蛋白设计比 ZFNs 容易。但是，TALENs 在尺寸上要比 ZFN 大得多，重复序列更多，编码基因在大肠杆菌中组装更加困难，也无法用于高通量的编辑。

3. CRISPR/Cas9 技术

CRISPR/Cas 系统由 CRISPR 和 Cas 核酸酶组成。CRISPR 是成簇的规律性间隔的短回文重复序列，分别由前导区、高度保守的重复序列与有决定机体免疫力识别和抵抗外源基因的间隔区序列组成。前导区负责启动转录开始并合成前 crRNA，该区域富含腺嘌呤和胸腺嘧啶碱基序列，一般长度为 300~500 bp。常用的 Cas 核酸酶是 Cas9 核酸酶，Cas9 蛋白是一种双链 DNA 核酸酶，能在 guide RNA 引导下对靶位点进行切割。Cas9 蛋白含有两个核酸酶结构域，可以分别切割 DNA 两条单链。Cas9 首先与 crRNA 及 tracrRNA 结合成 tracrRNA/crRNA 复合物，即单向介导 RNA（sgRNA）。sgRNA 可以介导 Cas9 蛋白在特定序列处进行切割，形成 DSB，完成基因编辑。然后通过 PAM（Protospacer adjacent motif）序列结合并侵入 DNA，形成 RNA-DNA 复合结构，进而对目的基因的 DNA 双链进行切割，使 DNA 双链断裂（Cong et al.，2013；Hsu et al.，2014）。通过人工设计改造形成具有引导作用的 sgRNA，引导 Cas9 对目的基因 DNA 的定点切割。PAM 是由 3 个成对碱基构成的序列，靠近靶 DNA 序列 3' 末端，序列结构为 5'-NGG-3'，在基本所有的基因中可以找到大量靶点。构建有效的 sgRNA 在 CRISPR/Cas9 基因编辑中非常重要。sgRNA 设计的要点：sgRNA 的长度为 20 nt，不包括 PAM 序列（NGG）；sgRNA 序列的碱基组成：sgRNA 模板序列为位于 PAM 序列前，可选 3'末端含 GG 的 sgRNA，同时 sgRNA 序列尽量避免以 4 个以上的 T 结尾，GC%含量最佳为 35%~65%；基因敲除：对于 sgRNA 靶向基因的结合位置，为提高敲除效率，建议选择双 gRNA 敲除基因中的一段序列，造成基因移码突变，需要尽量靠近基因编码区的 ATG 下游，最好位于第一或第二外显子；如果构建 U6 启动子或 T7 启动子驱动 sgRNA 的表达载体，需考虑 sgRNA 的 5'碱基为 G 或 GG，提高其转录效率。

二、基因编辑在水稻抗旱育种中的应用

以 CIRSPR/Cas9 为代表的新一代基因编辑技术，能够对特定 DNA 片段进行敲除、插入、替换等，实现对目标基因进行定点编辑。基因编辑不引入外源基因，只是在农作物本身的基因上"做手术"，可改善作物品质、增加营养元素、改变颜色，赋予作物抗旱性、抗虫性、提高肥料养分利用效率等，颠覆农作物传统育种模式，基因编辑育种是作物育种的历史机遇。分子标记辅助育种、分子设计育种和基因编辑育种结合利用，实现真正意义上的精准化育种。基因编辑育种操作简单，只是某个基因或者某一个碱基变了，没有任何别的东西留在新品种中，基因编辑作物与天然作物农产品没有区别。从 2013 年以来，基因编辑技术飞速发展，美国、加拿大、日本、以色列等国已经开展大量研究，美国利用基因编辑和转基因技术的防褐变苹果和蘑菇，防褐变、抗晚疫病马铃薯等已经或者即将上市。我国科学家已成功将基因编辑技术应用在水稻、玉米、大豆、小麦、马铃薯等作物，我国基因编辑技术已经接近国际先进水平，基因编辑技术的产业化应用，将赋予中国农业强劲的竞争力和美好的未来。

水稻抗旱相关性状的基因编辑也进行了大量的研究。*Ghd2* 主要在水稻叶片表达，在灌浆期的表达水平最高，受干旱胁迫而下调，但受黑暗和脱落酸轻微诱导。*Ghd2* 通过与不同蛋白互作，将环境信号与衰老过程整合进发育过程，调控水稻的抽穗期、耐旱性和衰老等生理过程。*Ghd2*

能通过加速干旱诱导的叶片衰老，调控水稻对干旱的敏感性。过表达 *Ghd2* 引起抗旱性显著降低，而 CRISPR/CAS9 技术敲除 *Ghd2* 转化中华 11，敲除 *Ghd2* 的突变体抗旱性提高 (Liu et al., 2016)。SnRK2 在植物响应渗透逆境和 ABA 胁迫时发挥着重要的作用，水稻基因组中有 10 个 SnRK2 成员，*OsSAPK2* 的表达受到干旱、NaCl、PEG 的强烈诱导，但不受 ABA 诱导。利用 CRISPR/Cas9 技术成功构建了 sapk2 突变株系，突变株系均表现出在种子萌发和幼苗生长阶段对 ABA 不敏感和干旱敏感表型，进一步实验证实 SAPK2 主要通过促进可溶性物质含量和与 ROS 清除相关酶基因的表达来调节干旱耐受性 (Lou et al., 2017)。水稻叶片形态是与抗旱性和光合作用相关的重要农艺性状。Liao et al.（2019）利用 CRISPR/Cas9 技术对半卷叶基因 SRL1 和 SRL2 进行诱变，获得卷叶突变体植株，突变体表现出叶绿素含量、蒸腾速率、气孔导度、维管束、气孔数和农艺性状降低，穗数增加。干旱胁迫环境，突变体植株表现出较低的丙二醛含量，而较高的存活率，脱落酸含量、超氧化物歧化酶、过氧化氢酶活性、籽粒灌浆率也较高。气孔密度和形态是调节植物水分利用效率的重要途径，*OsEPFL9* 是调控水稻叶片气孔密度的发育基因。Yin et al.（2019）利用 CRISPR/Cpf1 技术以 *OsEPFL9* 的第一个外显子为靶点进行突变，对 *OsEPFL9* 突变株系进行了几代的研究，分析了编辑后的世代传递和分离。证明利用 *Cpf1* 可以作为调控气孔模式的基因组编辑工具，有助于帮助了解水稻在逆境条件下的水分生理。*OsABA8ox* 编码水稻脱落酸 8'-羟化酶，它催化 ABA 分解代谢的关键步骤。*OsABA8ox2* 在苗期胚根分生组织区表达强烈，受 PEG 处理高表达。利用 CRISPR-Cas9 系统介导的 *OsABA8ox2* 基因敲除增加了干旱诱导的 ABA 和吲哚-3-乙酸在根中的积累，提高了 ABA 的敏感性，促进了更深更长的根系结构，显著提高了水稻的耐旱性 (Zhang et al., 2019)。*OsbZIP62* 在干旱、过氧化氢和脱落酸处理诱导高表达，过量表达 *OsbZIP62* 转基因水稻耐旱性和耐氧化性增强，而 CIRSPR/Cas9 突变 *OsbZIP62* 获得的突变体表现出相反的表型，突变转基因水稻对干旱和氧化胁迫的耐受性降低 (Yang et al.，2019）。

目前，基因编辑技术在水稻、小麦和玉米等主要粮食作物中的应用迅速增加，今后，要加快农作物重要性状基因的发掘和功能解析研究，大规模的发掘可以编辑的基因；加强基因编辑技术原创性科学研究，建立基因编辑技术联合攻关平台；结合育种目标，改良当前生产上有缺点的主推品种，锚定靶基因调控元件进行精确编辑，服务于农业生产。

参考文献

周宝元，丁在松，赵明. 2011. PEPC 过表达可以减轻干旱胁迫对水稻光合的抑制作用［J］. 作物学报，37（1）：112-118.

Ambavaram M M R, Basu S, Krishnan A, et al. 2014. Coordinated regulation of photosynthesis in rice increases yield and tolerance to environmental stress ［J］. Nature Communications, 5（1）：1-14.

Bang S W, Lee D K, Jung H, et al. 2019. Overexpression of *OsTF1L*, a rice HD-Zip transcription factor, promotes lignin biosynthesis and stomatal closure that improves drought tolerance ［J］. Plant Biotechnology Journal, 17（1）：118-131.

Cong L, Ran F A, Cox D, et al. 2013. Multiplex genome engineering using CRISPR/Cas systems ［J］. Science, 339：819-23.

Hsu P D, Lander E S, Zhang F. 2014. Development and applications of CRISPR-Cas9 for genome engineering ［J］. Cell, 157（6）：1 262-1 278.

Ledford H. 2016. CRISPR：gene editing is just the beginning ［J］. Nature, 531：156-159.

Liao S Y, Qin X M, Luo L, et al. 2019. CRISPR/Cas9-Induced mutagenesis of semi-rolled leaf1, 2 confers curled leaf phenotype and drought tolerance by influencing protein expression patterns and ROS scavenging in rice (*Oryza sativa* L.) [J]. Agronomy, 9 (11): 728.

Liu J H, Shen J Q, Xu Y, et al. 2016. *Ghd2*, a CONSTANS–like gene, confers drought sensitivity through regulation of senescence in rice [J]. Journal of Experimental Botany, 67 (19): 5 785–5 798.

Lou D J, Wang H P, Liang G, et al. 2017. *OsSAPK2* confers abscisic acid sensitivity and tolerance to drought stress in rice [J]. Frontiers in Plant Science, 8: 993.

Miller J C, Tan S Y, Qiao G J, et al. 2011. A TALE nuclease architecture for efficient genome editing [J]. Nature Biotechnology, 29 (2): 143–148.

Selvaraj M G, Ishizaki T, Valencia M, et al. 2017. Overexpression of an *Arabidopsis thaliana* galactinol synthase gene improves drought tolerance in transgenic rice and increased grain yield in the field [J]. Plant Biotechnology Journal, 15 (11): 1 465–1 477.

Wu X L, Shiroto Y, Kishitani S, et al. 2009. Enhanced heat and drought tolerance in transgenic rice seedlings overexpressing *OsWRKY11* under the control of HSP101 promoter [J]. Plant Cell Reports, 28 (1): 21–30.

Yang S Q, Xu K, Chen S J, et al. 2019. A stress–responsive bZIP transcription factor *OsbZIP62* improves drought and oxidative tolerance in rice [J]. BMC Plant Biology, 19 (1): 260.

Zhang Y, Wang X P, Luo Y Z, et al. 2019. *OsABA8ox2*, an ABA catabolic gene, suppresses root elongation of rice seedlings and contributes to drought response [J]. The Crop Journal (10): 1–12.

第五章 节水抗旱稻新品种选育

　　水稻是我国最主要的粮食作物之一，我国水稻育种取得了举世瞩目的成就，为保障国家粮食安全做出了重大的贡献。然而，水稻生产消耗了大量的淡水资源，且我国又是一个缺水严重、干旱频繁发生的国家，提高水稻的节水抗旱性已成为水稻品种改良的重要目标，培育和应用节水抗旱的水稻品种，对于增加和稳定水稻单产、缓解我国水资源短缺状况、保护生态环境和保障粮食安全均具有十分重要的意义。节水抗旱稻是指既具有旱稻的节水抗旱特性，又具有水稻的高产优质特性的一种栽培稻品种类型。在没有灌溉条件的中低产田种植，具有较好的抵抗干旱的能力，可实现旱直播旱管，增产稳产，可节水50%以上；在灌溉条件下，其产量和品质又与水稻基本持平；在栽培管理上，既可在水田节水栽培，又可在旱地直播种植，简单易行，生产过程中节水高效（罗利军等，2011）。但是与水稻新品种选育的快速发展相比，旱稻新品种选育进展还比较缓慢，至今仍然没有取得突破性进展。2016年，我国农业部发布实施《节水抗旱稻术语》行业标准（NY/T 2862—2015），积极推动抗旱新品种的选育与推广。

第一节　抗旱育种策略

　　抗旱育种需要从育种目标、亲本资源筛选、亲本选配规律、后代选择技术、抗旱性鉴定方法等方面进行研究，制订合理有效的抗旱育种计划和策略。

育种目标：抗旱育种的主要目标是抗旱高产，高产是最终目标，抗旱是高产的基础和保障，较强的抗旱能力能保障在不同干旱逆境环境下都能获得较高的产量，两者相辅相成，缺一不可。在提高抗旱性和高产的前提下，全面协调品质、抗病性、抗虫性等综合性状。

亲本资源筛选：种质资源是作物育种的基础，丰富和重要的育种材料是培育优良突破性品种的关键。抗旱性存在避旱、抗旱、耐旱不同的机制，抗旱性品种可能存在不同的抗旱机制，或者不同时期表现不同的抗旱机制。需要系统的收集、整理抗旱性品种资源，加强国内外优异种质和野生稻的引进和利用。

亲本选配和组合规律：利用抗旱性强的品种与农艺性状优良的高产品种组配，聚合抗旱高产性状。常用的组合方式有抗旱性强的品种与丰产性好的品种杂交，选育抗旱性强的不育系和丰产性好的恢复系组配杂交种，复交聚合更多抗旱、高产的优异性状培育抗旱高产品种。

后代选择技术：抗旱育种需要鉴定出干旱胁迫环境的抗旱性和高产特性，也要选择出充足灌溉优良环境的高产特性。对于抗旱性，必须在干旱胁迫环境选择。产量性状，在优良环境鉴定比在不利干旱环境鉴定更为有效，且在优良环境鉴定的产量结果稳定性、重复性会更好，但是优良环境的产量与干旱胁迫环境的产量不是简单直线相关的。所以，一般分离低世代在干旱胁迫环境鉴定抗旱性，兼顾对产量选择；高世代进行优良环境与干旱环境多环境试验，综合选择产量、抗旱性等综合性状，选育出优良品种。

抗旱性鉴定方法：准确进行抗旱性鉴定是抗旱育种成功的关键。田间鉴定是控制灌水造成不同的田间土壤水分胁迫水平，是在最接近真实自然状态评价品种的抗旱性与产量表现。田间鉴定是育种家进行大规模材料鉴定和选择常用的方法，若当地降水量较少，此法是比较准确，速度快，简单易行的。但是，此法受外界环境及年际降水量影响较大，需要多年多点鉴定。其次，可以将鉴定品种放在水分严格控制的干旱棚、人工气候温室、生长箱等设备进行精确鉴定。进行株型、产量等性状鉴定的同时，也需要加强对电导率、丙二醛、群体冠层温度、叶绿素荧光等生理生化指标的筛选。

第二节　抗旱育种程序

　　一个优良品种的选育一般需要 7~8 年的时间，首先要从优良的亲本组合入手。F_1世代：按照水田和旱田两圃平行种植，以当地推广的抗旱性品种为对照选择抗逆性强、丰产性好的组合。具体性状有：水田主要选择株型、穗型、产量、抗病虫等与丰产性相关的性状；旱田主要是干旱环境选择株高、分蘖数、萎蔫、生物量等抗逆性相关性状，筛选在水旱田都表现优良的组合。F_2世代：旱田旱点播种植，全生育期进行中度干旱胁迫，在苗期、抽穗开花期、成熟期观察出苗率、生长势、生物量以及产量性状，选择具有较好的抗旱性、适应性以及产量高的单株。F_3世代：入选单株分系分别种植在水旱田。水田根据株型、穗型、产量、抗病虫，选择丰产性较好的组合和株系；旱田旱点播种植，全生育期进行中度干旱胁迫，根据出苗率、生长势、生物量选择抗旱性较好的株系和单株。综合水田根据丰产性选择出来的优良组合/株系和旱田根据抗旱性选择出来的优良株系/单株，从旱田收获综合性状优良株系的优良 F_3 单株。F_4世代：入选的单株分株系旱点播种植在旱地，根据抗旱性和丰产性选择优良的株系和单株。F_5世代：多数性状已经趋于稳定一致，分株系分别种植于水旱田，重点根据两种环境的产量、品质和抗病性选择出抗旱性与丰产性都较好的品系，中选株系再进行 2~3 年的多点区试试验。

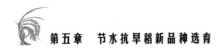

第三节　抗旱育种技术

一、杂交育种技术

杂交育种技术是通过有性杂交，产生基因的分离和重组。经过多代人工选择，筛选聚合多个优良性状于同一个体的优良株系。该项技术是目前为止抗旱育种选育品种最多的一种途径。

二、诱变育种技术

诱变育种是指利用化学试剂或者物理方法诱导植株发生突变，然后在其后代筛选有利变异的一种育种手段。目前诱变育种技术已经成为农作物新品种选育的重要手段之一，水稻育种常采用 EMS 诱变、钴-60 诱变、航天诱变等途径。

三、远缘杂交育种技术

远缘杂交是一种引入外源基因的手段，可以起到丰富种质资源的作用，优良基因的导入可以很大程度上改善品种的抗旱性。利用筛选的优异抗旱性野生稻资源或籼粳杂交优势，通过杂交、回交、复交等方式导入到目前推广的优异品种中，选育优良抗旱性品种。

四、杂种优势的利用技术

杂种优势在抗旱性方面有很强表现，把抗旱基因/性状导入目前推广的优良不育系或恢复系中，利用籼粳杂交优势，组配抗旱高产的杂交稻品种。目前选育抗旱性强的杂交稻，有三系杂交稻、两系杂交稻、杂交粳稻、杂交籼稻等不同类型。

第四节　抗旱性评价体系

一、抗旱性鉴定方法

抗旱性鉴定是对植物的抗旱能力做出评价，以达到筛选抗性品种的目的。根据植物的生长地点和干旱处理方式的不同，抗旱性鉴定方法可分为田间鉴定法、盆栽干旱法、高渗溶液法、干旱棚、温室法等。田间鉴定法是在自然条件下通过控制灌溉用水，形成不同程度的干旱胁迫，进而评价植物的抗旱性，此法简便易行，所得结果在试验当地条件下比较可靠，但受环境条件影响较大，难以重复。干旱棚或温室法是把待鉴定品种栽植于一个可人工控制水分的模拟条件下，通过比较抗旱指标的变化来评价品种的抗旱性，此法克服了田间鉴定的不可重复性，便于比较，结果也比较可靠，目前较广泛使用。不足之处是需要一定设备，能源消耗大，不能大批量进行，同时干旱棚与外界的环境条件差异可能带来误差。盆栽鉴定的形式多样，主要包括土培和沙培，通过控制土培或沙培的土壤水分含量，造成植株干旱胁迫来鉴别植物的抗旱性。高渗溶液法是先用沙培法或水培法培养一定苗龄的植株，然后转入不同浓度的PEG6000、甘露醇等高渗溶液中进行干旱处理，通过测定一些生理生化指标来评价不同植株苗期的抗旱性。目前还发展形成了分子生物学鉴定方法，应用分子技术对抗旱相关性状的数量性状位点（QTLs）或基因进行标识，通过用特定的分子标记来识别辨认遗传材料中有无抗旱基因的存在，进而鉴定抗旱性。

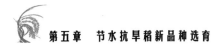

二、抗旱性评价指标

形态结构指标是最早应用来评价植物抗旱性的指标，主要有叶片角质层厚度、气孔大小、气孔开度程度、根系发达程度（根数、根粗、根长、根角度）、根冠比、木质部导管直径与数量、导管面积与根或茎横断面积比等。干旱条件下的生长状况和生物产量是鉴定抗旱品种的重要指标，主要包括干旱胁迫环境的萌发胁迫指数、生长量（叶片数、叶片面积、幼苗干重、干物质积累速率、叶片生长速度）、稻谷产量、干旱后的植株存活率等。Zu et al.（2017）指出干旱处理后水稻幼苗上三片叶的绿叶长与总叶长的比值（DTD 值）可以作为旱稻品种耐旱性评价指标，严重干旱胁迫 13 个品种的单株产量、穗数、结实率、成活率、水势、脯氨酸、叶绿素和丙二醛含量与 DTD 值相关。生长产量指标是应用最广泛、最直接的鉴定方法，该类指标一般对水分比较敏感，遗传变异较大，选择的余地也较大，可在抗旱性鉴定中取得较好的效果。不足之处是它们变异度都比较小，对水分亏缺的反映不敏感，直接单独应用于抗旱选择有一定风险。

干旱胁迫条件下，植物除了在形态结构上发生适应性变化以外，其内部生理生化代谢也会产生一定的适应性调整，以便忍耐干旱环境。抗旱生理生化指标主要包括：水分生理指标（叶水势、相对水分亏缺、叶持水力）、膜透性、根系活力、酶活性（SOD、POD、CAT）、渗透调节物质（MDA、脯氨酸、可溶性糖、可溶性蛋白）、内源激素（ABA、IAA、GA）、叶绿素、净光合速率、水分利用效率、冠层温度、多胺与乙烯的变化、逆境胁迫蛋白质及功能调控基因等。

为了弥补单个指标鉴定的缺陷，抗旱性评价较多采用综合指标法，其方法如下。

1. 目测抗旱性综合评价法

目测评价干旱环境下植株的表现，如卷叶度、叶片干枯程度或损伤度、萎蔫度、植株繁茂程度等方面。这些指标可以在中度或重度干旱条件下进行目测评价，然后把它们综合起来作为植株抗旱性的综合表现。

2. 抗旱性分级评价法

每个品种的各项指标都得到相应的级别值，再把同一品种的各指标级别值相加，即得到该品种的抗旱总级别值，以此来比较不同品种抗旱性的强弱。

3. 隶属函数综合评价法

采用模糊数学中的隶属函数的方法，对品种各个抗旱指标的隶属值进行累加，求其平均数，进行品种间抗旱性评定。

第五节　选育的新品种

一、旱稻新品种选育现状

自20世纪70年代以来，国际上多家科研单位包括国际水稻研究所、国际热带农业研究所、巴西、印度、泰国等国家和单位开始开展水稻抗旱育种。国际水稻研究所历来重视水稻的抗旱性研究，并将旱稻研究列为21世纪初的四大重点研究领域之一。国际水稻研究所选育的很多品种都具有耐旱的特点，如菲律宾推广的 IR43 和 IR52 都表现了耐旱的特性，且产量潜力高。巴西一直大力发展旱稻，巴西旱稻已形成较成熟而稳定的产业。20世纪30年代，我国已经开始水稻品种抗旱性改良研究，对传统旱稻地方品种进行改良和引种。1992年，李鹏总理从巴西访问带回巴西陆稻"IAPAR9"，在我国各地试种成功，引起了有关部门和专家对旱稻的重视。2000年农业部组织"国家旱稻区试试验"，中国农业大学、中国水稻研究所、云南省农业科学院等20多家单位参与建立了全国旱稻的区域网络，2003年我国第一批国审旱稻品种通过审定。自此，多家农业科研院所和高校开始重视旱稻种质资源收集、新品种选育和水稻抗旱性机理的研究工作，相继育成了一些适合不同地区的不同类型的旱稻品种，见下表，如中国农业大学育成的秦爱、旱稻2号、旱稻8号、旱稻277、旱稻297、旱稻502等系列品种；河南省农业科学院选育的郑旱6号、郑旱9号、郑旱10号等系列旱稻品种；云南省农业科学院选育的云陆29、云陆103、云陆140等系列品种；中国水稻研究所育成的中旱3号、中旱209、中旱221等系列品种；丹东农业科学院选育的丹旱稻2号、丹旱稻4号、丹旱稻53等系列品种；上海市农业生物中心选育的沪旱3号、沪旱15、沪旱61等系列节水抗旱常规稻品种，并通过结合水稻的耐旱性、旱稻的避旱性及高水分利用效率，育成了沪旱1A、沪旱2A及相应的节水抗旱杂交稻，通过国家或省级审定，在生产上大面积推广，普遍表现为节水、抗旱、优质和高产特性（罗利军等，2011）。2018年，农业农村部启动节水抗旱稻国家区试试验，进一步加强节水抗旱稻新品种的选育与推广。

目前育成并应用于生产的节水抗旱稻包括两类：一是常规品种，如中旱3号、郑旱9号、沪旱61、旱稻502、绿旱1号等；二是杂交品种，如旱优540、旱优780、鑫两优212和信旱优26。育种方法有单交、多品种复交、三系杂交稻、两系杂交稻、诱变育种、自然变异株系统选育等。选育的品种在生产上均表现较好的节水抗旱特性，产量潜力也明显优于IAPAR9等早期引进旱稻品种，特别适合于中低产田种植，但在高产稻田，其产量潜力尚需进一步提升，抗病虫性和稻米品质也需进一步改善。

表　我国选育的节水抗旱稻新品种

品种	亲本	类型	选育单位	审定编号
旱优540	沪旱5A×旱恢840	籼型三系杂交稻	上海市农业生物基因中心	沪审稻2019012
沪旱68	沪旱3号/徐稻5号×秀水128	粳型常规稻	上海天谷生物科技股份有限公司	沪审稻2019007
旱优780	沪旱7A×旱恢780	籼型三系杂交稻	上海市农业生物基因中心	沪审稻2018009

品种	亲本	类型	选育单位	审定编号
旱优 127	申旱 5A×旱恢 127	籼型三系杂交稻	上海天谷生物科技股份有限公司	沪审稻 2018008
旱优 737	沪旱 1A×旱恢 37 号	籼型三系杂交稻	上海市农业生物基因中心	滇审稻 2018035
文旱糯稻 1 号	黑壳糯变异株系选	籼型常规旱稻	云南佳佳福种业有限公司	滇审稻 2018034
中科西陆 2 号	明恢 63/陆引 46×明恢 63	籼型常规旱稻	中国科学院西双版纳热带植物园；海南省农业科学院	琼审稻 2018033
沪旱 1509	沪旱 15 号/旱恢 3 号//沪旱 15 号/黄华占×美香占	籼型常规稻	上海市农业生物基因中心	沪审稻 2017012
沪旱 19	沪旱 15 号/粤香占×沪旱 15/超太 B	籼型常规稻	上海市农业生物基因中心	沪审稻 2017011
沪旱 61	沪旱 3 号/沪旱 11 号×武育粳 3 号/秀水 128	粳型常规稻	上海天谷生物科技股份有限公司	沪审稻 2016005
思陆选 14	IRAT216×紫谷-7-3	籼型常规旱稻	普洱市农业科学研究所；澜沧县农业技术推广中心	滇审稻 2016012
云陆 142	云稻 1 号/Acc.104613 //云稻 1 号×云稻 1 号	粳型常规旱稻	云南省农业科学院	滇审稻 2016013
山栏陆 1 号	HPCT1 雄性不育株×乐东山栏稻	籼型常规旱稻	海南省农业科学院；乐东县农业科学研究所	琼审稻 2016015
文陆稻 26 号	文陆稻 4 号×滇超 2 号	粳型常规旱稻	文山州农业科学院	滇审稻 2014031
云陆 140	滇粳优 1 号/B6144F-MR-6×滇粳优 1 号	粳型常规旱稻	云南省农业科学院	滇审稻 2014030
旱优 73	沪旱 7A×旱恢 3 号	籼型三系杂交旱稻	上海市农业生物基因中心	皖稻 2014024
旱稻 906	秋光/斑利 1 号×汕优 63	籼型常规稻	中国农业大学	皖稻 2014025
永旱 1 号	丰两优 1 号 F2 早熟株×非洲野生稻	籼型常规稻	合肥市永乐水稻研究所	皖稻 2014023
鑫两优 212	蜀鑫 1S×鑫恢 212	籼型两系杂交旱稻	合肥市蜀香种子有限公司	皖稻 2014022
宝旱 1 号	沪旱 15 号×沪旱 15 号	籼型常规旱稻	合肥市丰宝农业科技服务有限公司	皖稻 2014021
鲲旱 70	爪哇稻×旱稻 297/镇稻 88	粳型常规稻	河北鲲鹏种业有限公司	冀审稻 2014004
旱优 113	沪旱 11A×旱恢 3 号	籼型三系杂交旱稻	上海市农业生物基因中心	桂审稻 2014016；沪审稻 2012004
云陆 103	WAB450-24-3-P33-HB×WAB450-24-2-5-P4-HB	粳型常规旱稻	云南省农业科学院	滇审稻 2013016
文陆稻 6 号	IRAT216×白稻子选-1	粳型常规旱稻	文山州农业科学院	滇审稻 2013017
文陆稻 10 号	IRAT104×白稻子选-1	粳型常规旱稻	文山州农业科学院	滇审稻 2013018
鲲旱 1 号	爪哇稻/旱稻 297×镇稻 88	粳型常规旱稻	河北鲲鹏种业有限公司	冀审稻 2012003

（续表）

品种	亲本	类型	选育单位	审定编号
冀旱糯3号	冀糯1号×垦育2号	粳型常规旱糯稻	河北省农林科学院	国审稻2012044
郑旱10号	郑州早粳×中02123	粳型常规旱稻	河南省农业科学院	国审稻2012043
丹旱稻53	STN-4×丹旱稻1号	粳型常规旱稻	丹东农业科学院	国审稻2012042
原旱稻3号	辐2115/中作93×原89-42	粳型常规旱稻	原阳沿黄农作物研究所	国审稻2012041
玉优柳旱1号	玉A×旱1号	籼型三系杂交水稻	柳州市农业科学研究所	桂审稻2012008
新旱1号	IAPAR9变异株系选	籼型常规旱稻	新蔡县俊山种业公司	豫审稻2011005
旱优8号	沪旱2A×湘晴	粳型三系杂交旱稻	上海市农业生物基因中心	沪审稻2010006
旱糯2号	冀糯1号×旱88-1	粳型常规旱糯稻	河北省农林科学院	国审稻2010055
临旱1号	临稻10号/临稻4号×郑州旱粳	粳型常规旱稻	临沂市水稻研究所	国审稻2010054
旱优2号	沪旱1A×旱恢2号	籼型三系杂交旱稻	上海市农业生物基因中心	国审稻2010034
云陆101	特青×BG300	籼型常规旱稻	中国农业科学院；云南省农业科学院	滇审稻2010028
焦旱1号	合系22-2×新稻68-11	粳型常规旱稻	焦作市农林科学研究院	国审稻2009052
信旱优26	培矮64S×99026	粳型两系杂交旱稻	信阳市农业科学研究所	国审稻2009051
郑旱9号	IRAT109×越富	粳型常规旱稻	河南省农业科学院	国审稻2008042
徐旱1号	旱稻277×徐9847	粳型常规旱稻	徐州农业科学研究所	国审稻2007051
旱稻175	寒2×班利1号	粳型常规旱稻	中国农业大学	黔审稻2006011
旱稻9号	秋光×班利1号	粳型常规旱稻	中国农业大学	黔审稻2006010
旱糯303	秀子糯×小白仁	粳型常规旱稻	辽宁省稻作研究所	国审稻2006074
沪旱15号	七秀占×中旱3号	籼型常规旱稻	上海市农业生物基因中心	国审稻2006072
中旱221	双头农虎×IAPAR9	籼型常规旱稻	中国水稻研究所	国审稻2006071
旱优3号	沪旱1A×旱恢3号	籼型三系杂交旱稻	上海市农业生物基因中心	桂审稻2006066
培杂桂旱1号	培矮64S×桂旱1号	籼型两系杂交旱稻	广西农业科学院	桂审稻2006060
旱优8号	未知	粳型常规旱稻	中国农业大学	黔审稻2005005
丹旱稻4号	丹粳5号诱变育种	粳型常规旱稻	丹东农业科学院	国审稻2005059
辽旱403	S299×S2026	粳型常规旱稻	辽宁省稻作研究所	国审稻2005057
旱稻271	寒2×Khaomon	粳型常规旱稻	中国农业大学	国审稻2005056
郑旱6号	郑州旱粳×郑稻92-44	粳型常规旱稻	河南省农业科学院	国审稻2005055
赣农旱稻1号	IAPAR9诱变育种	籼型常规旱稻	江西农业大学农学院	国审稻2005054
绿旱1号	空心莲子草DNA诱变6527育种	籼型常规旱稻	安徽省农业科学院	国审稻2005053

（续表）

品种	亲本	类型	选育单位	审定编号
沪旱7号	麻晚糯/P77×麻晚糯/IRAT109	粳型常规旱稻	上海市农业生物基因中心	沪审2004009
丹旱稻2号	丹粳5号变异株系选	粳型常规旱稻	丹东农业科学院	国审稻2004060
丹旱糯3号	丹粳5号变异株系选	粳型常规旱糯稻	丹东农业科学院	国审稻2004056
皖旱优1号	N422S×R8272	粳型两系杂交旱稻	安徽省农业科学院	国审稻2004055
井冈旱稻1号	IAPAR9诱变育种	籼型常规旱稻	江西省农业科学院	国审稻2004054
沪旱3号	麻晚糯/IRAT109×麻晚糯/P77	粳型常规旱稻	上海市农业生物基因中心	国审稻2004053
中旱209	选21×IR55419-04-1	籼型常规旱稻	中国水稻研究所	国审稻2004052
文陆稻4号	IRAT104变异株系选	粳型常规旱稻	文山州农业科学研究所	滇审稻200408
旱丰8号	沈农129×旱72	粳型常规旱稻	沈阳农业大学	国审稻2003088
辽旱109	旱72变异株系选	粳型常规旱稻	盘锦北方农业技术开发有限公司	国审稻2003087
旱稻65	秋光×三磅七十箩	粳型常规旱稻	中国农业大学	国审稻2003084
夏旱51	秦选1号×京系1号	粳型常规旱稻	河北大学等	国审稻2003083
郑旱2号	郑稻90-18×陆实	粳型常规旱稻	河南省农业科学院	国审稻2003031
中旱3号	CNA6187-3变异株系选	粳型常规旱稻	中国水稻研究所	国审稻2003030
旱9710	中系237×湘灵	粳型常规旱稻	辽宁省农业科学院	国审稻2003029
旱稻297	牡交78-595×Khaomon	粳型常规旱稻	中国农业大学	国审稻2003028
旱稻277	秋光×斑利1号	粳型常规旱稻	中国农业大学	国审稻2003027
旱稻502	秋光×红壳老鼠牙	粳型常规旱稻	中国农业大学	国审稻2003026
丹旱稻1号	IR24/旱丰γ//中系8834×峰光/胜利糯	粳型常规旱稻	丹东市农业科学院	辽审稻〔2001〕97
旱946	89S6091×陆南旱谷	粳型常规旱稻	辽宁省农业科学院	辽审稻〔2000〕79
丹粳8号	丹粳2号×中院P237	粳型常规旱稻	丹东农业科学院	辽审稻〔1999〕74
云陆29	IRAT216×紫谷	粳型常规旱稻	云南省农业科学院	滇陆稻4号
丹粳6号	里穗波/BL1×IR26/丰锦//C57-167	粳型常规旱稻	丹东农业科学院	辽审稻〔1996〕55
丹粳5号	5057×IR26/旱丰γ	粳型常规旱稻	丹东农业科学院	辽审稻〔1992〕39
旱58	C26/丰锦×74-134-5	粳型常规水稻	辽宁省农业科学院	辽审稻〔1992〕37
旱72	C26/丰锦×74-134-5	粳型常规旱稻	辽宁省稻作研究所	辽审稻〔1989〕25
旱152	78-8×76-78	粳型常规旱稻	辽宁省稻作研究所	辽审稻〔1989〕24
水陆稻6号	水陆稻4号×合交7001	粳型常规旱稻	黑龙江省农业科学院	黑审稻1987001

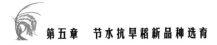

二、选育新品种举例

1. 中旱 3 号

1997 年，从国际水稻研究所引进巴西旱稻品种 CNA6187-3，种植在中国水稻研究所杭州试验场旱稻观察圃，发现群体有较大分离，之后分别在海南与杭州进行加代、观察、去杂、提纯等工作，经系统选育而成常规旱稻品种。该品种株高 130 cm，剑叶挺直，株型较紧凑，生长繁茂。生育期 120~125 天，比巴西陆稻 IAPAR9 迟熟 2~7 天。茎秆、叶片及谷壳均为光身，前期生长旺盛，叶色深绿，后期黄秆熟相好。抗稻瘟病，抗旱性 3 级。穗长 23.78 cm，平均每穗总粒数 129.56 粒，平均结实率 71.87%，千粒重 25.88 g。整精米率 47.8%，垩白粒率 33%，垩白度 9.9%，胶稠度 76mm，直链淀粉含量 19.9%。2000 年，国家长江中下游及华南旱稻品种区试亩（1 亩≈667m²。下同）产 248.33 kg，比对照 IAPAR9 增产 5.23%；2001 年，国家长江中下游及华南旱稻品种区试亩产 305.75 kg，比对照 IAPAR9 增产 11.83%；2001 年，在广西壮族自治区（以下简称广西）、浙江、海南生产试验，亩产在 310~410 kg，适宜在广西、浙江、海南作一季旱稻种植区推广应用（王一平等，2003）。

2. 旱稻 277

旱稻 277 是以优质水稻品种秋光为母本，以云南地方品种班利 1 号为父本进行杂交后经系统选育而成。黄淮地区作麦茬旱稻种植，全生育期平均为 113 天，株高 88.6 cm，茎秆较粗壮，根系粗壮，分蘖力较强，叶色淡绿，叶片较宽，剑叶较直立，散穗型，灌浆速度快，籽粒饱满，成熟时不易落粒。每穗总粒数 81.0 粒，结实率 84.6%，千粒重 27.3 g，整精米率 59.6%，垩白粒率 83%，垩白度 20.09%，胶稠度 78 mm，直链淀粉含 15.6%。叶瘟 1 级，穗茎瘟 5 级，穗茎瘟发病率 14%，胡麻斑病 3 级。2000 年，国家黄淮地区中晚熟期组旱稻品种区试亩产 284.0 kg；2001 年，续试亩产 302.4 kg；1997 年，在江苏省丰县亩产 378 kg；

1999—2001 年在河南省开封、周口、商丘、新乡、洛阳、濮阳等地示范种植，一般亩产 350~400 kg。该品种抗旱性较强，早熟较稳产，综合性状优良，适应性广，适宜在河南、江苏、安徽、山东的黄淮流域或陕西的汉中地区接麦茬、油菜茬旱直播旱作种植。

3. 郑旱 9 号

郑旱 9 号是以抗旱性很强的旱稻 IRAT109 为母本，以优质水稻品种越富为父本进行杂交后经 7 代系统选育而成。该品种属粳型常规旱稻。在黄淮海地区作麦茬旱稻种植株高 108.1 cm，全生育期 119 天，比对照旱稻 277 晚熟 3 天。抗性：叶瘟 5 级，穗颈瘟 3 级；抗旱性 3 级。米质主要指标：整精米率 46.6%，垩白粒率 62%，垩白度 5.1%，直链淀粉含量 13.8%，胶稠度 85 mm。穗长 18.1 cm，每穗总粒数 91.3 粒，结实率 77.7%，千粒重 32.9 g。2006 年，黄淮海麦茬稻区中晚熟组旱稻区域试验亩产 307 kg，比对照旱稻 277 增产 6.6%；2007 年，黄淮海麦茬稻区中晚熟组旱稻区域试验亩产 339.6 kg，比对照旱稻 277 增产 20.2%。在河南、江苏、安徽、山东的黄淮流域稻区作夏播旱稻种植，产量高，抗旱性强，米质一般，近年在黄淮流域稻区作为旱直播稻品种大面积种植。

4. 沪旱 61

沪旱 61 是以（沪旱 3 号×沪旱 11 号）F_1 与（武育粳 3 号×秀水 128）F_1 复交选育而成。该品种株型紧凑，叶色淡绿，叶片挺拔，长势繁茂，分蘖力强，有效穗多，结实率高，熟期转色好。抗旱性综合评价 3 级，抗倒性强。上海作单季晚稻种植，全生育期 161.6 天，株高 95.1 cm。整精米率 73.7%，垩白粒率 16%，垩白度 1.9%，胶稠度 71 mm，直链淀粉含量 15.0%。穗长 14.3 cm，每穗总粒数 132.7 粒，结实率 90.4%，千粒重 25.8 g。2013 年上海市常规粳稻组区域试验亩产 632.1 kg，2014 年亩产 660.2 kg，两年区域试验亩产 646.2 kg，比秀水 128 增产 3.8%。沪旱 61 较好地结合了旱稻（沪旱 3 号和沪旱 11 号）的节水抗旱性和高产水稻（武育粳 3 号和秀水 128）的高产潜力，全生育期田间不需要水层，水分利用效率较高。2016 年，在上海市金山区廊下镇实行水种旱管示范种植，水田机械穴直播，全生育期基本只靠雨水，产量达10.77 t/hm²，稻米品质达二级优质米标准。

5. 旱优 73

旱优 73 是以沪旱 7A 为母本与旱恢 3 号配组而成。叶片浅绿色，柱头白色，护颖黄色，颖壳黄色，剑叶挺直内卷，株型紧凑，穗粒着粒密集，谷粒细长。株高 105 cm、全生育期 123 天左右，亩有效穗 19 万、每穗总粒数 137 粒、结实率 86%、千粒重 27 g。抗旱性 1 级，感稻瘟病，感稻曲病，感纹枯病，感白叶枯病。米质可达部标 3 级，第二届中国（三亚）国际水稻论坛上，旱优 73 被评为最受喜爱的十大优质稻米品种。在一般栽培条件下，安徽省区域第一年试验亩产 493.38 kg，第二年区域试验亩产 493.60 kg，生产试验亩产 478.29 kg，较对照品种增产 11.57%。2014 年，通过安徽省农作物品种审定委员会审定，以后分别通过江西、湖南、河南等省认定。旱优 73 适应性广，在南至海南、北至河南、西至云贵（海拔 1 400 m）、东到上海的广大地区均可种植。旱优 73 适合多种种植模式，既可像一般水稻一样育秧移栽、水种水管，也可像小麦一样旱地直播、旱种旱管；可采用机直播、机穴播；可与玉米、棉花、芝麻等旱作物进行间作栽培。在有水灌溉的高产田种植，产量可达 12 t/hm² 以上；在无灌溉的中低产田进行旱种旱管，实收稻谷产量达 9 t/hm²。2012 年，安徽省阜南县洪河桥示范种植，采用机械旱直播，全生育期灌水 2 次，总灌水量 1 200 m³/hm²，产量达 9.29 t/hm²。2016 年，江西省永修县三角乡周坊村示范种植，采用人工旱直播，全生育期无灌水，实收稻谷产量达 9.54 t/hm²。

第六节 旱稻节水高产高效栽培管理技术

一、种子处理

争取苗全苗匀苗壮是种植旱稻取得高产的第一关，必须认真细致地做好晒种、选种、消毒、浸种、催芽及拌药种子处理，有条件的在选种后用"旱稻专用种衣剂"对种子进行包衣。

二、整地

精耕细作是一项旱稻高产的重要措施。如果田块耕整粗放、不平坦，则杂草滋生较多，保苗率较低，土壤物理性状差，易漏水漏肥等。因此，为克服这些不利于高产的因素，一定要精细整地，为旱稻地下部生长创造一个良好的环境。

一般有深耕、浅耕和免耕播种三种形式。深耕：一般耕深达 15 ~ 20 cm，利于旱稻根系下扎。先耕翻，再用耙耢堡抹平，进行镇压，达到上虚下实，无坷垃。这样播种时容易控制适宜深度，保证全苗。对于地表比较板结、黏重，耕层浅薄或残茬高，杂草多的地块宜采取深耕翻。浅耕：一般耕深达 10~15 cm，主要使表土疏松，并结合灭茬除草。一般有浅犁、浅旋耕等几种方式。浅耕适用于土壤质地疏松或耕层深厚肥沃、残茬浅、杂草少的地块。免耕：不用耕翻，直接播种。如我国北方的麦茬或油菜茬的贴茬播种，南方某些山区的捣穴播种。适于底肥足、土壤肥沃、土层深厚、表土疏松或人畜不足、整地困难的地区及种植粗放的山区。这样可以抢时早播，易浅播，灌溉用水量少，杂草也较少。

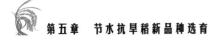

三、播种

1. 播种方式

旱直播，一般有条播、撒播和穴播三种。条播：是目前应用最多的播种方式，开沟采用人、机、畜均可。条播的行距一般 25 cm 左右，因品种和地力而异，播幅 3 cm。植株较高、繁茂的或杂草重或水肥条件好的，根据品种特性、土壤条件，可以将行距放宽到 30 cm 或更宽；反之，植株矮小或土壤肥力条件差的，行距可以缩小到 20～23 cm。撒播：主要在山区或土地比较潮湿、板结、黏重，整地困难或劳力机具紧张的地方采用。撒播虽植株分布均匀，个体间发育均衡，但不便于覆盖种子，根系较浅，中后期抗旱性和抗倒性减弱，并且田间锄草、追肥等田间作业困难。穴播：土壤多黏重板结、雨季条播困难、高寒或严重缺水覆膜种旱稻地区采用。优点是播种精细，节省种子，且能提高成苗率，田间管理也较方便，但费工费时。有先进的穴播机械，可大面积推广应用。

2. 播种期

播种期依品种生育期和种植区域的安全齐穗期确定最迟播种时间。麦茬旱稻的生育期短，季节紧迫，前茬作物收获后，要早播，要做到边收获边抢播。黄淮稻区最好 5 月下旬至 6 月上旬旱直播，最迟不得超过 6 月 15 日。

3. 播种量

旱稻基本靠主茎成穗获得产量。田间基本苗和有效穗数与播种量的多少有直接关系，因此，要在提高播种质量的基础上，掌握合理的播量才能保证旱稻良好的生长发育和合理的产量结构。旱稻的播种量根据单位面积正常成穗数、品种类型、品种的发芽力和顶土力、千粒重大小、土壤质地及肥力因素综合确定。一般条播常规旱稻品种，每亩播种量 7～9 kg；分蘖力强的杂交稻品种，每亩播种量 3～4 kg。撒播时播种量要加大，穴播时播种量要减小。

4. 播种深度

播种深度由种子的顶土能力、耕作制度、土壤、气候状况来决定。条播一般播种深度为 1~3 cm，最深不能超过 3 cm。对于靠土壤底墒出苗的旱稻田，要适当深播，播深 2~3 cm；对于播种后利用蒙头水使种子出苗的旱稻田，要适当浅播，播深 1~2 cm 为宜。否则，播种过浅，这时气温已较高，口墒难保，出苗期延长，出苗不齐，成苗率也不高，且易遭鸟害，造成缺苗断垄，后期抗旱、抗倒性也受影响，易早衰；播种过深，胚芽鞘或不完全叶不能出土，出苗困难，极大降低了出苗率，即使出土，地中茎过分伸长，消耗种子养分过多，造成弱苗，不利于全苗、壮苗。

四、杂草防除

旱稻生长期间土壤表层常处于湿润—干旱的生态环境，加上温度较高，这就给杂草的生长发育创造了良好条件，致使杂草滋生，杂草与稻苗同步发芽生长，甚至杂草比稻苗长得快，出草量大，发草时间长。一般杂草发生高峰期在播种后 10 天和 30 天左右两个时期。而旱稻苗期处于旱长期，生长缓慢，秧苗低，个体瘦小，容易形成草吃苗现象，使旱稻生长不良，影响产量。因此，防除杂草是发展旱稻生产的一个关键技术环节。

1. 杂草防除策略

应以化学除草为主，人工拔草为辅；以土壤封闭处理为主，茎叶处理为辅；以广谱性、混合施药，杀草效果最佳。农药及其使用应符合 GB 4285 及 GB/T 8321（所有部分）之有关规定。

2. 苗前土壤封闭

冬闲或早茬旱稻田，如果已出杂草，可以进行播种前除草，免耕田可以用触杀型灭生性除草剂。如克无踪、百草枯等喷雾，一般亩用量 20% 克无踪 150~200 ml，对水 30~50 kg。也可以在播种前 1 周进行土壤封闭，如用丁草胺。

播后苗前用除草剂土壤封闭是有效防除杂草的关键环节。这个时期比较短，要严格科学掌握土质、土墒、土温不同出苗速慢不一，一般从播量到出苗日数为4~8天，催芽谷播种时，应慎重使用除草剂。应注意适时及时地喷施，以免伤芽。常用封闭除草剂有：60%丁草胺亩用量150~200 ml，50%杀草丹亩用量250~300 ml；24%果尔30~50 ml；60%丁草胺100 ml+25%恶草灵100 ml；60%丁草胺100 ml+50%扑草净50 ml；25%除草醚500 g+20%二甲四氯200 ml；50%杀草丹250 ml+60%丁草胺150 ml等。以上除草剂对水量为每亩50 kg，切勿减少水量，以免影响除草效果。

土壤封闭处理时应注意以下几点。

（1）整地质量要高

地面要平坦；若地面不平，有坷垃，地表大空隙多，不能形成药膜，杂草就乘隙而出，灭草效果差。

（2）土壤要湿润

进行土壤封闭，土壤湿度要大，以利于药物扩散，形成药膜。同时，土壤湿度大能促使杂草种子迅速萌发，使杂草幼芽敏感期与药物杀草活性期相一致。因此，播种后立即浇蒙头水，待人能进地时随即施药。但切忌田间积水，引起药害。

（3）保护药膜

喷药后，尽量减少土层翻动，有大草可人工拔除。

（4）防止药害

用药量不要过大；使用的除草剂品种要对路；药剂混用种类不要多，以两种药混合为好。

3. 苗期茎叶处理

旱稻出苗后，主要防除第二批出苗杂草和封闭后残留的杂草。在旱稻出苗2叶1心后，杂草1叶1心前后，可采用喷雾，或结合灌水施肥时拌毒土撒施除草剂。常用茎叶处理除草剂有：48%苯达松200 ml+20%

敌稗 500~750 ml；48%苯达松 150~200 ml+50%快杀稗 40 g；70%二甲四氯钠盐 50~100 g（稻苗 5 叶后）。茎叶处理时应注意以下几点。

（1）用药方法

根据杂草类型选用，药要喷在杂草茎叶上和地表。

（2）喷药时间

应在杂草 2~4 叶期前喷洒。

（3）喷药环境条件

应选无风晴天 16 时后喷。喷后遇雨，需重喷。

五、合理施肥

1. 基肥

播种前能够耕翻整地的田块，大力提倡施足底肥。每亩建议施有机肥 2 m³，磷酸二胺 15 kg，硫酸铵 10~15 kg，硫酸钾 5 kg；对于缺锌、缺铁的田块，可加施硫酸锌 1 kg，硫酸亚铁 1.5 kg 作底肥。撒匀，耕耙，使土肥充分混合。基肥没施化肥的，每亩可用磷酸二胺 15 kg，硫酸铵 10~15 kg 作种肥。施种肥时，注意防止肥料和种子直接接触。

2. 追肥

施足基肥基础上，要加强以下几个时期营养元素的及时补给。追肥主要是氮素化肥，分别作为苗肥、分蘖肥、穗粒肥，结合灌水、降雨或行间开沟施入。苗肥：在稻苗 3 叶期，结合始灌追施，亩用尿素 8~10 kg 或碳铵 20~25 kg，约占追肥量的 40%。分蘖肥：在苗肥追施后 15 天左右，稻苗在 5~6 叶期，结合降雨或灌水，重施分蘖肥，每亩追施尿素 10~15 kg 或碳铵 25~30 kg，约占追肥量的 50%。穗肥：在拔节后即在基部第一节间基本定长，第二节间正在伸长，第三节间已初见时，亩追施尿素 3~5 kg，约占追肥量的 10%。如地瘦薄或前期施肥不足，稻苗长势弱或老黄，穗肥提前至拔节前。

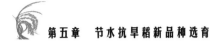

六、科学灌水

1. 出苗水

旱稻种子必须达到发芽适宜的含水量，它才能正常发芽。播种后灌足蒙头水，确保土壤中水分处于饱和状态，然后将田间多余的积水排干，维持土壤处于湿润状态直到种子出苗。

2. 分蘖水

以 3 叶期始灌为好，田间灌浅水。灌水过早将使分蘖节位抬高，根系发育不健壮，导致分蘖成穗率降低，后期耐旱、抗倒能力差；灌水过晚，肥水供给不及时，导致植株营养不良，生长不足，生长发育迟延，亩穗数减少。

3. 拔节孕穗水

干旱时做到及时灌溉，足量灌溉。一般如连续晴天无雨 5~7 天，田间指标是地表刚退"潮"转微白，就立即灌足水一次。

4. 抽穗灌浆水

抽穗灌浆期，田间干旱又无有效降水时，及时灌浅水。

七、病虫害防治

直播稻密度比较大，田间郁闭度高，发生病虫害的程度也较重。主要病虫害包括纹枯病、稻瘟病、稻曲病、稻飞虱、稻纵卷叶螟等，宜采用绿色综合防控技术。

纹枯病防治方法：稻草要经过高温腐熟才能回田，春耕翻犁时秸秆、稻草要打捞干净，消灭菌源。科学肥水管理，多施基肥；氮、磷、钾搭配施用，保证稻苗稳健生长，增强抗病能力；拔节后适时适度晒田，以降低田间湿度，干干湿湿到成熟。对于长期深灌、生长旺盛、偏施氮肥、晒田不好或发病率达 15% 以上的稻田，用井冈霉素、戊唑醇、苯甲·丙环唑对准稻株下部均匀喷雾。

稻瘟病防治方法：播种前用三环唑、多菌灵、福美双处理，对稻种消毒。防治水稻苗瘟、叶瘟，掌握在发病初期用药，在秧苗 3~4 叶期或移栽前用药；本田是从分蘖开始，如发现发病中心或叶片上有急性病斑，应及时用药。防治水稻节瘟、叶枕瘟、穗颈瘟要重在抽穗期进行防治，孕穗末期和破口期是防治最佳期。稻瘟病防治常用药剂有三环唑、稻瘟灵等。

稻曲病防治方法：稻曲病主要在抽穗扬花期发生，气候条件、田间湿度、氮肥施用情况对病害发生影响很大。抽穗扬花期如遇持续阴雨天气，将有利于病菌的侵染与繁殖，病害会重发。病重区须采用抗病品种。稻曲病会通过种子传播，应采用无病稻种，播种前用强氯精液浸种或粉锈宁拌种消毒。防治关键应掌握在水稻孕穗末期到破口初期，即破口前 5~7 天用三唑酮配合多菌灵喷雾，破口抽穗 1/3 时再喷 1 次。

参考文献

罗利军，梅捍卫，余新桥，等. 2011. 节水抗旱稻及其发展策略 [J]. 科学通报（11）：804-811.

王一平，罗利军，余新桥，等. 2003. 优质旱稻新品种中旱 3 号的选育及栽培技术 [J]. 中国种业（6）：47-48.

Zu X F, Lu Y K, Wang Q Q, et al. 2017. A new method for evaluating the drought tolerance of upland rice cultivars [J]. The Crop Journal, 5 (6)：488-498.